作者简介

田慧君　清华大学教育博士，软件工程硕士，现就职于联合国教科文组织国际工程教育中心。研究方向为高等工程教育、工程师培养、继续工程教育等。曾参与多项教育部、中国工程院工程教育科研项目，并发表十余篇相关论文。

王孙禺　清华大学教育研究院教授、博士生导师，联合国教科文组织国际工程教育中心秘书长，教育部国家教育发展中心兼职研究员，清华大学教育研究院学术委员会主任，《清华大学教育研究》杂志主编。1982年7月，毕业于清华大学电机系并留校任教，曾任清华大学教育研究所所长、人文社会科学学院党委书记等职。长期从事高等工程教育、教育经济与管理领域的教学与科研工作，已完成国家、省市级课题20余项，发表论文多篇，曾获国家级教学成果奖和教育科学优秀成果奖多项。

本书得到“联合国教科文组织国际工程科技知识中心”
建设项目的支持

继续工程教育多元主体协同办学机制

田慧君　王孙禺　著

The Collaborative Running Mechanism of
Multiple Providers in Continuing Engineering Education

科学技术文献出版社
SCIENTIFIC AND TECHNICAL DOCUMENTATION PRESS
·北京·

图书在版编目（CIP）数据

继续工程教育多元主体协同办学机制/田慧君，王孙禺著．—北京：科学技术文献出版社，2017.10

ISBN 978－7－5189－3424－9

Ⅰ.①继… Ⅱ.①田… ②王… Ⅲ.①工程师—继续教育—办学方针—研究—中国 Ⅳ.①T－29

中国版本图书馆 CIP 数据核字（2017）第 245476 号

继续工程教育多元主体协同办学机制

策划编辑：曹沧晔　　责任编辑：曹沧晔　　责任校对：赵　瑷　　责任出版：张志平

出 版 者　科学技术文献出版社
地　　址　北京市复兴路 15 号　邮编 100038
编 务 部　(010) 58882938, 58882087 (传真)
发 行 部　(010) 58882868, 58882874 (传真)
邮 购 部　(010) 58882873
官方网址　www. stdp. com. cn
发 行 者　科学技术文献出版社发行　全国各地新华书店经销
印 刷 者　三河市华东印刷有限公司
版　　次　2017 年 10 月第 1 版　2017 年 10 月第 1 次印刷
开　　本　710×1000　1/16
字　　数　220 千
印　　张　14
书　　号　ISBN 978－7－5189－3424－9
定　　价　68.00 元

前　言

继续工程教育是高等工程教育的扩展和延伸，是继续教育中层次较高的一种教育形式，对实现我国制造强国以及人力资源强国的战略目标具有重大意义。未来中国继续工程教育发展的重点是提高继续工程教育的办学质量和办学效益，多元办学主体协同发展是必由之路。

本书综合运用准公共产品理论、组织理论和委托代理理论，采用文献分析、人物访谈、问卷调查、案例研究、比较研究等方法，研究分析了工程师群体的学习需求特性和多元办学主体的办学现状，进而提出来多元办学主体协同办学机制的设计构想。

首先，继续工程教育的教育对象是工程师。本书从工程师生存状况出发，阐述工程师学习需求形成的社会背景，通过工业企业中工程师在职学习需求的实证研究分析得出工程师在学习动机、学习内容、学习方式和学习成本四个方面的学习需求特性，进而得出工程师与继续工程教育之间的关系以及对办学的影响。

其次，继续工程教育由多元办学主体来提供。本书通过大量的继续工程教育史料和实地调研资料，描述了高校、企业、行业协会、政府、民办培训机构的办学形式、办学特点和存在问题，并且以典型案例予以佐证。由此提出，我国继续工程教育多元办学主体的布局已经初步形成，然而在多元办学主体布局的合理规划和均衡发展、办学主体之间的合作和交流、办学主体的融资和激励等方面存在很多问题亟待解决。此外，对美、德、日三国继续工程教育多元化办学体制进行比较研究，得出在继续工程教育立法建设、创新理念、服务意识以及战略规划等方面的启示。

最后，继续工程教育多元办学主体协同发展是提高办学质量和办学效益的根本途径。继续工程教育多元办学主体以及办学参与者组成一个动态的、开放的、网络组织系统；在动力与阻力的博弈以及内外动力的作用下，推动办学主体的协同创新；在多元办学主体组织系统及其边界确立的基础上，提出多元办学主体协同办学机制的基本设计框架，明确提出协同办学机制的基本原则、基本层次和基本内涵；在协同办学机制的作用下，形成多种创新的、多元化的基本办学形式，借此来阐明行业协会、高校、企业、民办培训机构等办学主体根据市场需求，结成不同的组织联盟，利用资源和信息在组织之间快速反应、沟通合作、共享集成，提高继续工程教育办学质量和办学效益，进而实现继续工程教育的可持续健康发展。

目　录
CONTENTS

第一章

绪　论

第一节　工程师与继续工程教育改革

一　21 世纪的继续工程教育改革

进入 21 世纪后，世界工程面临着新的机遇和挑战，进而对工程技术人员，尤其是工程师在应对全球化竞争、职业的流动、广泛的技能和知识更新提出了新的挑战。然而，2010 年联合国教科文组织发布的工程报告的统计数据显示，发达工业化国家，每 1 万人中有 20～50 个科学家和工程师，发展中国家平均有 5 个科学家和工程师，而在更加贫困的非洲国家这一数字降到 1 或更少[①]。在世界范围内，需要越来越多的各种层次和类型的工程师，来解决可再生能源的开发、技术进步、保护环境等可持续发展问题，工程师短缺已经成为世界性问题，世界工程发展对工程师的数量和质量提出来了更高的要求。继续工程教育的发展，在社会、经济和人类发展中的重要作用逐渐显现，特别是在经济建设的可持续发展过程中发挥着越来越重要的作用。从世界范围内来看，发达工业化国家已经形成了比较成熟的、形式多样的继续工程教育办学模式，建立了相应的教育体制、制定了相应的政策和法规，积极推动了世界继续工程教育的发展；

① 数据来源：Engineering：Issues，Challenge and Opportunities for Development. UNSCO Report. 2010.

越来越多的发展中国家随着经济的快速发展，从国家层面开始更多地关注继续工程教育，使得世界继续工程教育内容得到不断丰富。

20世纪80年代末，随着我国高等教育对外开放的不断深化，继续工程教育的概念引入我国，继续工程教育得到持续发展。在三十多年的发展过程中，继续工程教育从起初的继续工程教育办学活动发展成为一项规模空前、具有鲜明特点、符合中国国情的继续工程教育事业，在国家逐步实现从人力资源大国到人力资源强国的战略转变中发挥了重要作用，是学习型社会建设的重要组成部分。同时，继续工程教育实践研究和理论探索也取得了较大发展，在宣传继续工程教育的重要作用、探讨继续工程教育的发展特点、推动产学研合作、参与国际交流与合作、建立继续工程教育体制等方面发挥了积极作用。

当前，世界范围内国家之间的竞争日趋白热化，以及我国的现代化转型、社会发展、民生建设、产业结构调整的发展趋势，对工程师的数量和质量都提出了新的要求，继续工程教育的发展现状与国家发展的需要和建设人力资源强国的需要相比，还存在着很大差距。虽然继续工程教育办学机构的数量及其办学规模有了空前的发展，但是相对于国家建设所需要的工程师的数量而言，继续工程教育还有很大的发展空间；虽然形成了高校、企业、政府以及民办培训机构等不同的办学主体，但是相对于工程师的多样化学习需求而言，办学主体还要有更大的进步；虽然继续工程教育的教育质量有了较大的发展，但是相对于越来越高的工程师素质和技能要求而言，教育质量还要有更快的提高；虽然继续工程教育的发展速度和规模空前高涨，但是继续工程教育的社会效益和经济效益却并不显著。为了培养国家发展建设所需要的工程师，继续工程教育改革势在必行，必须实现从数量到质量、从规模到效益的战略转变。继续工程教育的改革是全方位的，涉及继续工程教育的教学方法、培养模式、教育资源、交流合作等各个方面，同时对于已经走上工作岗位的工程师而言，他们的继续教育与所在的企业、原有的教育背景、甚至家庭责任都有着密切的关系。因此，继续工程教育的改革是一项复杂的系统工程，其中很多问题都与继续工程教育的办学有着直接或间接的关系。

“健全政府主导、社会参与、办学主体多元、办学形式多样、充满生机活力的办学体制，形成以政府办学为主体、全社会积极参与、公办教育和民办教育共同发展的格局。调动全社会参与的积极性，进一步激发教育活力，满足人民群众多层次、多样化的教育需求（《国家中长期教育改革和发展规划纲要（2010—2020年)》，2010)。”教育规划纲要中还制定了我国教育事业发展的主要目标（表1.1)，其中明确提出，到2020年继续教育所要实现的明确发展指标。从教育发展目标可以看出，继续教育任务艰巨、责任重大，继续教育办学体制的进一步深化改革，是我国教育体制中最重要的改革和发展内容之一。多元办学体制的建设和完善，将为“培养和造就规模宏大、结构优化、布局合理、素质优良的人才队伍（《国家中长期人才发展规划纲要（2010—2020年)》，2010)”提供重要保障。国家人才发展目标（表1.2）中，不仅提出来了2020年专业技术人才、高技能人才的绝对数量和相对数量，而且首次提出来了核心指标“人才贡献率”。这些发展指标的建立，不仅引领人才事业的持续发展，而且强化了国家重视人力资源开发和利用的实施力度。从人才发展目标可以看出，培养“适销对路”的高层次的应用型人才，要建立具有应变能力的办学体制，重视办学效益，重视树立良好的学校形象和信誉（张沂民，1994)。办学体制与继续工程教育的办学形式、教育资源、办学类型等各个环节密切相关，完善、灵活、高效的办学直接决定了继续工程教育的质量和效益，也是推动继续工程教育改革的核心动力。因此，提高继续工程教育的质量和效益，关键在于多元化办学主体形成完善灵活的办学形式，才能满足广大专业技术人员的学习需求，实现教育事业发展目标和人才事业发展目标。

表 1.1 教育事业发展主要目标

指标	单位	2009年	2015年	2020年
学前教育				
幼儿在园人数	万人	2658	3630	4000
学前三年毛入园率	%	50.9	62	75
学前一年毛入园率	%	74	90	95
九年义务教育				
在校生	万人	15772	16100	16500
巩固率	%	90.8	93	95
高中阶段教育				
在校生	万人	4624	4500	4700
毛入学率	%	79.2	87	90
职业教育				
中等职业教育在校生	万人	2179	2250	2350
高等职业教育在校生	万人	1280	1390	1480
高等教育				
在学总规模	万人	2979	3550	3550
在校生	万人	2826	3080	3300
其中：研究生	万人	140	170	200
毛入学率	%	24.2	36	40
继续教育				
从业人员继续教育	万人	16600	29000	35000

数据来源：《国家中长期教育改革和发展规划纲要（2010—2020 年）》

近年来，各部门为了推动各种形式、各种类型的非学历继续工程教育的发展，也出台了一系列相关政策和规定，调动学校、企业、社会各部门参与继续工程教育活动。教育部鼓励工科高等学校开展大学后高层次工程技术人才的继续教育；企事业单位内设继续教育培训机构，面向本单位在岗人员开展各种形式和类型的岗位培训；社会团体和各类民办教育机构根据市场需求，开展多种形式的职业技能和资格认证培训。继续工程教育的教育对象不仅包括每年数以百万的工科大学毕业生，而且还有大量的企业基层岗位的工程师和技术人员，他们的学习目标、学习内容、学习方式千差万别。然而，目前的继续工程教育还远不能满足工程师对继续教育的需求，“继续教育仍然是我国教育体系最薄弱的环节”（郝克明，2010）。就办学主体而言，存在诸多问题，如继续工程教育办学机构的设立缺乏整体设计和标准、资源利用效率低下、经费投入不足、办学形式单 、办学质量不高、违规办学等等。众多研究表明，继续工程教育办学主体存在的现实问题已经严重制约了继续工程教育的健康发展。

表 1.2　国家人才发展主要指标

指标	单位	2008	2020
人才资源总量	万人	11385	18025
每万劳动力中研发人员	人年/万人	24.8	43
高技能人才占技能劳动者比例	%	24.4	28
人力资本投资占国内生产总值比例	%	10.75	15
人才贡献率	%	18.9	35
专业技术人才总量	万人	5550	7500
专业技术人员占从业人员比例	%	7.2	10

数据来源：《国家中长期人才发展规划纲要（2010—2020 年）》

纵观国内外的继续工程教育的发展，各国继续工程教育改革都将多元办学主体建设作为重点内容之一。美国继续工程教育历史悠久，通过立法促使政府和社会各界重视继续工程教育，特别在税收政策方面给予办学者大力支持，办学主体主要有企业、大学、学会和公司，呈现出多元化特点，企业办学近年来有增长趋势，办学形式不仅多种多样，而且普遍采用新技术、注重经济效益。德国继续工程教育是以社会力量和私立企业自行设立办学设施为基础，广泛吸引私人雇主对职业教育和培训进行投资，全日制学校发挥的作用较小。德国在近年经济危机后经济恢复良好、在欧盟经济治理中发挥了积极主导作用，除了得益于德国政府的经济结构改革以及危机后采取的各项经济政策之外，政府的就业服务和培训系统的效率有很大提高也是其中的重要原因。以美国、德国等为代表的发达工业化国家引领世界继续工程教育的发展方向，在继续工程教育的技术、服务、高校与工业界的合作等方面形成了完善的法律体系、质量保障体系和认证体系，很好地促进了工业界的竞争力，对经济形成了良性的促进作用。中国、印度、巴西、俄罗斯等新兴国家经济发展迅速，对工程师需求旺盛，在一些行业领域显示出良好的发展势头，但是由于资金、技术和制度等原因，继续工程教育办学发展不平衡，存在着社会阶层和地区差异；继续工程教育的质量和效率较低。

随着全面深化改革的国家教育和人才事业战略部署的实施，紧紧围绕市场在资源配置中起决定性作用的指导思想，继续工程教育在培训高层次创新型工程科技人才、服务国家重大工程科技领域必将发挥无法替代的现实作用。但是，由于继续工程教育的庞大规模和多样化的需求使得继续工程教育的改革、特别是办学主体的办学改革不可能采取全国统一的模式，不同类型和层次的办学机构在继续工程教育改革中有着不同的办学目标和办学重点，因此继续工程教育的实践和研究必须一方面要分析和总结继续工程教育的特殊性，探索和研究继续工程教育独特的办学形式；另一方面也希望探究继续工程教育发展过程中具有普适性意义的规律，原因在于虽然继续工程教育在各国都不属于主要教育形式，但是继续工程教育办学所呈现的特征和存在的问题，在一定程度上是工程教育的缩影、是终身教育的趋势，具有典型性，其推行的教育改革为工程教育改革提供参考、对终身教育发展发挥引领作用。

笔者长期工作在继续工程教育一线，一直参与继续工程教育研究。通过具体工作中发现，当前很多继续工程教育的研究往往以个案总结的形式探讨继续工程教育的应然性，普遍缺乏对不同层次和类型办学主体的深度挖掘，提出的问题和建议缺乏针对性，数据资料的统计分析也不够丰富。美国、德国和日本等发达工业化国家的继续工程教育在世界范围内具有典型的代表性，以其高质量和多元化的特点成为研究的焦点和热点，并对各国的继续工程教育产生了深远的影响。中国的继续工程教育从发展初期就参照了以美国为代表的发达工业化国家的办学形式，借鉴了它们的成功经验。在学习和借鉴的过程中，详细了解发达工业化国家办学的背景和特点是非常必要的。总之，笔者在继续工程教育实践和研究中，了解到当今国内外研究的现状，也从中发现了一些继续工程教育多元化办学实践的误区。因此希望通过进一步的深入研究，以科学的理论和方法，全面分析中外继续工程教育领域的相关问题，探究中国继续工程教育多元化办学的改革和发展之路。

二　继续工程教育改革的焦点

经济的全球化、人类面临的环境和资源问题对工程师的培养带来了新的挑战和机遇。工程师的培养包括两个方面：一是未来工程师的培养即大学工科教育，二是现有工程师的教育即继续工程教育。探索两种教育形式的更好衔接、形成可持续的工程师培养，是工程教育学者，尤其是继续工程教育实践者和研究者的重要课题。工程师终身职业生涯的不同阶段所需的知识和技能是不断变化的、他们在各个阶段学习的方式和学习速度也是不同的。成功继续工程教育的关键在于学习者即工程师，促进职业发展以及激发学习动力是工程师选择继续教育的前提。高校、企业和社会力量等继续工程教育办学主体探索和研究新的办学形式，研发丰富多样的教学内容，帮助工程师在职业生涯中保持职业兴趣和竞争力，满足工程师的学习需求。因此工程师的学习需求是继续工程教育研究的出发点。

这些年来，学历和非学历继续工程教育办学机构遍及全国城乡，每年数以千万的工程师接受了各种形式的教育和培训，继续工程教育办学机构的数量及其办学规模得到快速发展。工科院校拥有较多的优质教育资源，较早地开展了远程教育，形成了较为完善的产学研相结合的机制，一直以来积极开展继续工程教育，是继续教育重要基地。工业企业是继续工程教育的主力军，企业培训对于提高企业核心竞争力，实现企业发展战略，促进产业升级发挥重要作用，特别是近年来企业大学的兴起，作为企业培训员工的创新形式，得到迅速发展并引起关注。与此同时，国外知名培训机构纷纷进入中国市场，利用充足的资金、先进的培训模式、成熟的市场预测能力等优势，抢占商机；民办培训机构发展迅速，凭借经营手段灵活、营销策略新颖、内容更新快的特点，在竞争中赢得一席之地。各类办学主体在快速发展的同时，已经暴露出各类主体办学的诸多问题，一方面是继续工程教育需求数量的骤增以及需求多样化、个性化特点的显现，另一方面是继续工程教育办学质量和效率等诸多问题的出现，需要解决两者之间的矛盾，各个办学主体才能够更好地承担起高质量办学的使命。

继续工程教育、办学质量这两个方面都是当今教育研究的热点，各自都有很多的研究主题。而这两个方向的焦点聚焦形成本研究的范围，全球化的继续工程教育改革是大的背景。在各国的改革中，以质量管理为导向的继续工程教育成为一种发展趋势。世界继续工程教育协会在2000年推出继续工程教育自我评估模型 the Development of Accreditation in Engineering Education and Training (简称 DAETE)。这一自我评估模型涉及了继续工程教育办学机构的各个方面，重点关注了办学机构的战略政策、合作伙伴和资源、客户满意度、社会满意度和关键绩效结果。不仅强调了教育的投入，而且确保高质量的教育产出。DAETE 的推广和应用，促进了美国和欧洲国家继续工程教育质量的提高，也在很大程度上影响了其他国家的继续工程教育。中国于2008年参与了该模型的测试工作，目的是帮助政府更好地规范和管理教育培训机构行为，保护继续工程教育学习者的权益，提高办学质量和办学效益，促进我国继续工程教育事业的持续、良性发展。虽然以质量管理为导向的 DAETE 模型并不是完美的评估模型，不具有普适性，但是对于实践性很强的继续工程教育而言，起到了积极的促进作用。继续工程教育的主要目标是培养经济社会发展所需要的创新型工程技术人才，它必须与经济建设的需求和科技发展的水平保持同步。因此很多国家都从本国的继续工程教育实践出发，制定办学的质量标准，以这些标准来评估、审核教育过程的各个环节，进而实现高质量的办学目标。

在继续工程教育的各个环节中，已有很多对教学方法、师资水平、校企合作等问题进行了总结和探讨，但对继续工程教育办学主体的研究却不多。这正是本研究的一个出发点，办学主体是对研究主题的限定。在各级各类教育中，很多专家学者对办学主体相关问题开展了广泛研究，而且办学主体改革的实践和探索也取得了成功的经验和良好效果，但是对于继续工程教育，办学主体的办学实践和研究还是一个比较新的领域，一方面是由于继续工程教育不同于其他教育形式，具有自己的特点和规律，另一方面是因为继续工程教育在我国的发展历史较短，总体仍处于“经验型”发展阶段。虽然在中国已经形成了高校、企业和社会力量举办继续工程教育的局面，但是面对数量庞大的社会需求，不同办学主体的办学目标和特色并不十分明确；很多高校虽然明确了教育培训是大学功能的重要组成部分、企业也认识到教育培训对形成核心竞争力的重要作用，但是教育培训在高校和企业工作中处于边缘地位，在教学资源、人员编制、财务政策等方面缺乏政策支持和激励机制。继续工程教育办学活动的影响是全方位的，不仅具有社会效益，而且存在经济利益；不仅对工程师个人及其家庭产生影响，而且对工程师所在企业发挥作用。因此，继续工程教育的特殊性决定了办学主体的复杂性，需要平衡办学者责任、权力和利益这三者之间的关系，办学主体才能够更好地承担起继续工程教育的使命。

发达工业化国家在20世纪初开始对继续工程教育办学情况进行了系统研究，并在体制上予以确定，已经形成成熟的办学形式，很多成功的研究和实践可以给我们提供一些参考和借鉴。值得一提的是，中国庞大的继续工程教育规模、工业化水平和独特的社会发展阶段决定了国外的模式并不能解决中国的所有问题。将国内外多元化办学进行比较也并非希望找到绝对的标准和完美的办学形式，而是将继续工程教育办学的发展放在国家的历史背景下，主要讨论继续工程教育在长期发展过程中的办学特性，分析办学各个环节中的问题及其根本原因，以期为高水平继续工程教育和工程技术人才的培养提出更有针对性、更符合中国发展需要的建议。

因此，本书将主要研究以下一些问题：

①在中国继续工程教育的历史演进中，继续工程教育办学主体、办学形式等发生了很大变化，进而继续工程教育办学体制有哪些发展变化？

②中国继续工程教育各个主体，作为教育和培训的提供者，它们的办学形式、办学特点以及存在问题有哪些相同点和不同点？

③继续工程教育的对象是工程师，我国工程师群体具有鲜明的职业特点和成人学习特征，他们的学习需求与教育供给之间存在怎样的矛盾？

④继续工程教育办学主体之间通过怎样的协同机制实现高质量和高效益的办学、更好满足工程师的学习需求？

⑤发达工业化国家多元化的继续工程教育为工业化发展提供了强有力的人才支撑，对我国继续工程教育多元协同主体协同机制的设想可以提供哪些借鉴？

⑥如何构建继续工程教育多元主体协同办学的静态机制和动态机制、通过

协同机制的有效运作形成多样化的、高质量的办学形式?

本书将在国内外社会经济发展的大背景下，以继续工程教育为研究视野，以工程师的学习需求为研究出发点，沿着一系列办学改革的脉络，将继续工程教育办学主体作为研究对象、以“为谁办学？谁来办学？如何办学?”作为研究主线来展开，研究多元主体协同办学机制的合理依据和建构设计。

第二节 研究价值

一 理论研究的探讨

目前，国内外学者关于继续工程教育办学研究已有一定成果，但是我国继续工程教育研究还主要停留着在实践探索层面，以经验总结和描述讨论为主，继续工程教育研究者大都结合自己的工作实践，提出问题进行探讨，经验体会和主观表述较多。内容涉及校企合作、办学模式、职业认证、教育产业化、教育技术、管理体制等方面，反映了研究者对现实问题的反思和剖析，体现了研究者对继续工程教育改革创新的认识和追寻。然而，迄今为止，我国缺乏继续工程教育的统计指标和可以考证的准确数据，这将影响继续工程教育的预测和规划；继续工程教育的理论研究基本处于空白状态，而继续工程教育实践迫切需要科学理论的指导。“继续工程教育哲学是继续工程教育的理论基础。讲到继续工程教育的理论基础，就不能不涉及整个工程教育，不能不涉及工程师的学习认识过程—认识论，也不能不涉及这种教育提出的背景和必要性、它的社会效果和经济性（张宪宏，1987)。”很多继续工程教育现实问题没有得到真正解决，就在于理论上尚未对继续工程教育的特点和规律认识和理解清楚。本书将分析和阐述继续工程教育这一重要教育形式的发展变化、在新的历史时期它的基本内涵以及它与其他教育形式的区别与联系，以期增强继续工程教育办学研究的理论关怀与实践价值之间的适切性和契合度，将有助于拓展继续工程教育办学研究的视角。

长期以来，描述讨论、经验总结和比较研究是我国多数继续工程教育研究采用的方法，调查法、访谈法、文献研究的方法则较少被采用。在继续工程教育的重要战略发展期，采取更加多样、更加科学的研究方法，提升继续工程教育的研究水平，是继续工程教育专家学者值得关注的问题。工程师是继续工程教育的办学对象，是办学机构的客户，本书将通过实证研究分析工程师的学习需求特性，因为工程师的学习需求特性对办学主体的办学决策有着重要影响。同时继续工程教育的办学主体，是一个组织的概念，主要是指办学机构的组织性质和组织管理特点。本书将从办学主体、办学形式、办学类型、协同伙伴等方面分析各个办学主体的基本特点和存在的问题。与之相对应的研究内容和研究方法，使本文能够全面客观地剖析教育活动的供需双方的诉求，既有对宏观办学环境的分析，也有对微观具体问题的深入探讨。因此，本书将运用综合运用教育学和管理学的理论，采用定量和定性相结合的方法进行研究，以期提升继续工程教育的科学研究方法，将有助于丰富继续工程教育的理论研究。

"继续工程教育在我国的实践和理论研究的时间都很短，许多问题尚待我们认真探讨。如继续工程教育的动力、方式途径、经费来源等等。勇于实践，勇于探索，研究继续工程教育的规律，使我国继续工程教育迅速地健康地发展（杨俊，1987）。"随着市场经济体制改革和教育体制改革的深入发展，继续工程教育多元化办学的改革已成大势所趋。在当今社会分工明确和知识专业化的背景下，任何一个办学机构不可能具备继续工程教育所需的所有人、财、物的条件和要求，满足各种各样工程技术人员的学习需求。所以，在继续工程教育发展过程中，需要逐步构建并完善多元化办学主体的协同办学机制，形成特色鲜明、各种层次和类型的办学形式，为工程师提供高质量的教育服务。本书将全面梳理国内外继续工程教育的历史发展过程，总结继续工程教育的发展规律，为继续工程教育办学改革和发展提供有益的建议。

二 实践研究的探索

从 2000 年起，人力资源和社会保障部为促进经济结构调整、深化国有企业改革和保持社会稳定，职业培训逐渐成效、劳动预备制度普遍推广。根据人力资源和社会保障部的统计数据，2013 年我国就业训练中心数量 3001 个，比 2004 年减少了 306 个，民办培训机构数量 19008 个，比 2004 年减少 131 个；2013 年职业培训总人数为 2049 万人，比 2011 年减少 151 万人（表 1.3）。培训机构的数量、职业培训人数以及投入经费数量均呈现曲折变化。根据教育部统计数据，从 2004 年以来，教育部统计的高校非学历教育发展迅速，学生数量经历了一个较大幅度的增长，2013 年进修及培训结业生数为 2004 年的 3.2 倍，但是在资格证书结业生数和岗位证书结业生数在近十年时间内增长缓慢，高校在职业培训方面的优势逐渐减弱（图 1.1）。这些统计数据表明，一方面国家要实现从人力资源大国到人力资源强国的转变，要满足经济社会发展需要，形成规模宏大、结构优化、布局合理、素质优良的人才队伍，另一方面提供教育培训的机构数量、所能培训的人数以及投入经费数量却不容乐观。因此，从国家人才战略发展目标和具体发展现状可以看出，继续工程教育的供需矛盾越来越突出。继续工程教育的质量和发展在很大程度上依赖一大批高水平的优质办学机构和培训基地，但是对继续工程教育办学主体研究在国内明显不足，本书将在一定程度上填补这个不足，有助于探索有效解决继续工程教育供需矛盾的有效方法。

表 1.3　2004—2013 年我国劳动就业培训发展情况数据统计

年份	就业训练中心数量（个）	民办培训机构数量（个）	职业培训总人数（万）	经费来源总计（亿元）
2003	3465	17350	1166	68.5
2004	3307	19139	1488	71.9
2005	3323	21425	1625	73.4
2006	3212	21462	1905	75.8
2007	3173	21811	1960	98.3
2008	3019	20988	2053	236.3
2009	3332	20854	3000	111.3
2010	3192	20144	1820	111.1
2011	4083	19287	2200	95.1
2012	3913	18897	2049	108.6

数据来源：人力资源和社会保障部 2004—2013 年《中国劳动统计年鉴》

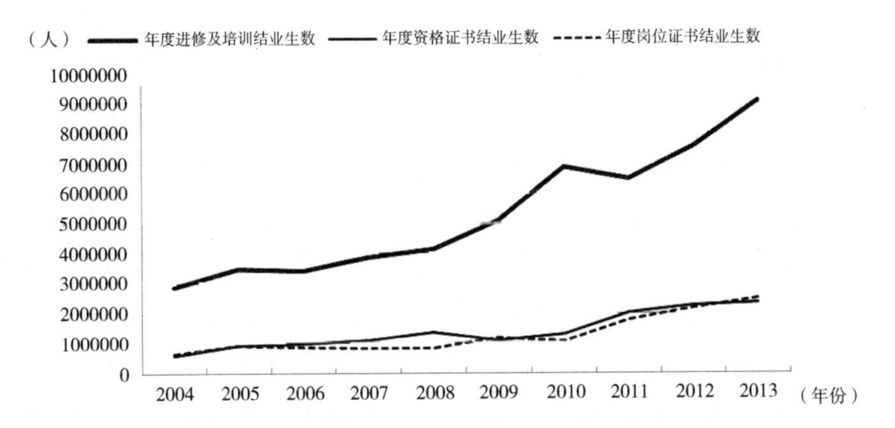

图 1.1 2004—2013 年我国高等教育非学历教育进修及培训情况数据统计

数据来源：教育部 **2004—2013** 年《中国教育统计年鉴》编制

目前，继续工程教育市场基本形成，市场竞争更加激烈，市场环境发生了很大变化，办学机构的兴衰取决于社会的需要和认同，是在竞争中生存和发展。社会办学各方的介入，打破了政府单一办学体制的局面，推动了办学机构在教育质量上的竞争。进入 21 世纪，伴随着《民办教育促进法》的颁布，民办教育得以规范发展，出现了一些办学特色鲜明、品牌项目显著、以特色求发展的民办职业技术培训机构，它们办学机制灵活，市场信息反馈迅速，注重学以致用，追求社会效益和经济效益的有机结合。然而，由于继续工程教育社会需求旺盛，发展前景广阔，但是准入门槛相对较低，也造成了一定程度的混乱和无序，主要表现在：一些成本低廉、服务劣质的培训机构干扰了正常的市场秩序，破坏着非学历教育的整体形象，“游击式”和“作坊式”的培训班屡见不鲜，虚假承诺得不到兑现，乱办班、乱收费、乱发证书等非法行为时有发生。本书通过对国内多元化办学主体的现状及其存在问题的研究，以及对发达工业化国家继续工程教育办学形式的对比分析，可以进一步明确认识继续工程教育的办学所需的基本条件和办学特点，为办学机构和培训基地的办学思路提供实践参考，推动高质量继续工程教育的可持续健康发展，将有助于探索提高继续工程教育办学质量的有效策略。

一直以来，继续工程教育经费来源主要有财政性教育经费、企业职工教育经费、民办学校举办者投入和社会捐赠等。2005 年，全国总工会在全国范围内对企业职工教育经费提取和使用情况进行调查，调查结果显示，被调查企业提取教育经费数量占企业职工工资总额的平均比例为 1.39%，低于国家规定的 1.5%。其中，2004 年度企业用于专业技术人员的经费占 33.7%；经济效益好的企业提取比例高于持平企业以及亏损企业，东部经济发达地区企业、特别是华东地区企业优于西部经济落后地区企业。由于国家没有制定相关的法律，导致职工教育经费提取和使用得不到有效监管，不按国家规定提取、教育经费被挪用、使用分配不透明的现象普遍。企业缺乏财力或者资金没有很好利用成为专业技术人员继续教育的重要障碍。虽然开展继续工程教育由来已久，但是相对于传统学历教育而言，继续工程教育处于边缘地位，经营基本属于自负盈亏状态，在使用学校教育资源还有很多障碍，手续较多，限制较多。对于专业性和业务性较强的继续工程教育，教学和实训的开展由于需要设施、装备的投入较大，维修和维护成本高，使得办学条件和运行成本较高。教育经费供给不足已经成为制约继续工程教育办学机构发展的普遍问题。本书将提出协同办学机制的构想，通过多元化办学主体以及相关机构的协同，拓宽融资渠道，实现资源共享，探讨灵活多样的创新型办学形式，进而解决继续工程教育办学过程中的重要问题，将有助于探索解决继续工程教育办学经费短缺的有效途径。

同时，笔者也认识到，继续工程教育只是继续教育若干环节中的一个，继续工程教育办学问题涉及整个继续教育，甚至工程师培养的改革，本书也希望以小见大，以继续工程教育办学问题为切入点，讨论继续工程教育以及工程师培养的整体改革中的相关问题。

第三节 研究方法的运用

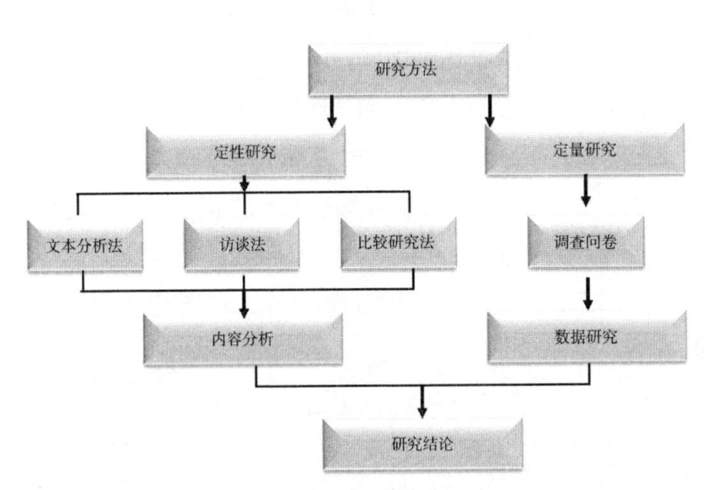

图 1.2 研究方法图

本书将遵循理论与实践相结合、以多学科角度、从国内到国外探讨继续工程教育多元化办学主体协同办学机制这一命题。根据本书所聚焦的研究命题以及所要解决的问题，笔者拟采用定量和定性相辅相成的方法，并通过文献、访谈、调查问卷获得研究的主要数据和资料，这种在同一研究中运用两种以上定性研究方法和定量研究方法的研究设计方法，称为混合研究方法（图 1.2）。

一 文本分析法

通过电子文献检索系统、图书馆和继续工程教育相关机构，全方位搜集整理与本研究相关的文献资料，全面系统了解本研究的国内外现状；同时以本研究为基点，拓展研究视野，延展教育学、经济学、历史学等其他学科领域在内的相关文献，在理解、分析、吸收这些领域已有研究成果的基础上，聚焦于继续工程教育的办学问题，探索在不同的背景和历史环境下办学形式的特点。

笔者收集到从世界继续工程教育工作组成立至今的重要会议备忘录、历届世界继续工程教育大会的论文以及美国、英国等国家历年来继续工程教育的主要研究报告。这些资料既有微观层面对具体问题的探讨，也有宏观层面对整个继续工程教育的总结和展望。通过对这些资料的分析，可以清晰地梳理出世界继续工程教育发展的特点和不同国家不同历史时期的重要问题，这是本书研究继续工程教育办学的背景和基础。中国近年来对继续工程教育的研究也逐渐加强，国内很多学者都开始关注这个领域。国内研究的特点是通过实践总结讨论中国继续工程教育的重要性和发展方向，因此统计数据、总结报告、年度大事记、规章制度也为本书的研究提供了一个大的背景。此外，办学机构的自评报告和年度报告揭示了办学机构在办学体制建设和发展中的很多办学理念和实践经验。笔者搜集到了部分办学机构的办学自评报告，并参与了2007—2013年清华大学继续教育学院年鉴的编写，这些材料将成为本研究的重要基础。

二　访谈法

成功的访谈，首先要对被访人所在的办学机构的背景和本人的职业背景、业务范围等有所了解，其次要根据研究目的，准备详细的访谈提纲，并具体化为一系列访谈问题，还要充分准备与访谈内容有关的各种知识，最后准备工具和相关文件。访谈资料是在访问过程中记录下来的，可以是书面记录、电子录音和照片，事后访谈资料的及时整理和分析是形成文本的重要一环。

根据本研究的需要，访谈对象分为三大类，第一类访谈对象是继续工程教育专家和办学机构高层领导，就国内外继续工程教育发展趋势和发展规律等前瞻性问题以及继续工程教育的办学形式和办学模式等办学要素进行访谈。第二类是继续工程教育办学机构的项目负责人和授课教师，就项目管理、课程设计以及授课情况等教学环节的内容进行访谈。第三类是企业基层的工程师，就工程师的学习情况、学习困难以及学习方法等学习需求进行访谈。笔者通过对三十多人次全面细致的访谈，深入了解与继续工程教育办学相关的实际情况，以期获得全面翔实的资料和数据，以便全面综合、深刻准确地把握研究问题。

三　比较研究

比较研究法是按照既定的标准、通过考察分析两个或两个以上有相互联系的对象、寻找这些对象的相同和不同之处、探求特殊规律和一般规律的方法。

根据不同的标准，可以将比较研究法分成不同的种类，本文采用国别研究，比较分析发达工业化国家继续工程教育的办学形式。

以我国继续工程教育办学发展为研究重点，并以工业化发达国家，包括美国、德国和日本的继续工程教育为案例，探讨这些国家在不同的历史背景下，办学体制的特点和规律，因此比较研究将贯穿整个研究过程。从已有的研究来看，中外关于继续工程教育和办学体制的研究有很多不同之处，无论是研究方法、研究视角和研究理论都存在区别，为比较研究带来一定难度。本书将从宏观层面入手，探索在继续工程教育发展阶段的背景之下，这些国家办学发展的特点和规律。从某种程度上来看，发达工业化国家继续工程教育的发展历史比较长，研究也更系统深入，因此，本书希望能够从发达国家继续工程教育发展的研究中，总结其经验和教训，为我国继续工程教育办学构想和实施运作提供一些有益的建议。

四　调查问卷

抽样—问卷—定量分析三者的结合，是定量研究中最重要的一种方式。问卷的使用范围受到调查对象总体构成情况的影响，问卷的质量与问卷的设计有着直接关系。问卷的基本结构包括封面信、指导语、问题及答案。问卷的设计经过探索性工作、设计初稿、使用和修改等主要步骤。问卷的优点在于具有很好的匿名性、可以避免偏见、减少调查误差、便于定量处理和分析，缺点是对被调查者的文化水平有一定要求，耗费时间、经费和人力。

由于继续工程教育的对象主要是工程师，但针对工程师工作现状和学习需求的实证研究并不多，所以问卷调查方法将是本研究搜集一手资料的一个重要来源。笔者深入多家企业进行实地调研，现场发放并回收问卷900多份，被调查的工程师分别涉及工程研发、管理、设计和生产等工作岗位。采用描述统计等方法分析工程师群体的学习需求特征并为协同办学机制的建构提供实证数据。

本书还应用了历史比较的研究方法，从中国继续工程教育发展史，比较不同阶段继续工程教育办学机制的不同特点。更重要的是，通过历史脉络的梳理，研究继续工程教育的基本定位及其工程师的需求，为工程师学习需求特性的实证数据分析奠定基础。

第四节 本书的研究框架

本书共分为九章。

第一章是绪论部分，主要说明研究问题提出的背景，分析课题的研究意义；对已有的国内外相关研究成果进行综述，提出本书的研究价值和研究思路；进而阐述本书的主要研究方法和主要内容。

第二章至第七章是本文的核心部分，遵循理论与实践相结合的原则，以及提出问题、分析问题、解决问题的思路，着重探讨继续工程教育多元办学主体的办学问题。分为三部分，第一部分梳理继续工程教育办学体制的本质和理论，第二部分探究继续工程教育多元办学主体的现状和存在问题，第三部分建构继续工程教育多元办学主体协同机制。

第一部分为第二章，对继续工程教育办学体制的本质、结构、价值、实践观念进行理论探讨，从教育的内外部关系中考察继续工程教育有别于其他教育形式的办学目标、办学特点和办学规律，并由此形成继续工程教育多元办学主体协同机制的理论分析框架。

第二部分为第三章至第五章，采用定性和定量相结合的分析方法，对国内外继续工程教育办学体制、办学主体、办学活动进行剖析，一方面印证本书提出的继续工程教育协同机制理论建构的合理性，另一方面对我国继续工程教育办学规律和存在问题进行归纳。

第三章以继续工程教育的对象即工程师学习需求的实证研究入手，分析继续工程教育的办学目标，以及工程师的学习需求特性对实现办学目标的影响。继续工程教育办学的逻辑起点是以学习者为中心、满足学习者的需求。工程师是办学机构的目标客户，继续工程教育要适应工程师发展的需要，促进工程师的全面发展。因此对工程师学习需求特性的认识了解是研究继续工程教育办学的首要内容。

第四章从全面深入对办学机构的实地调查和办学者的访谈研究入手，分析当今中国继续工程教育办学体制的特点以及办学的变化规律。继续工程教育办学目标的实现，依赖于其载体的健全和完善，这一载体就是继续工程教育相应的办学组织机构和管理机构。从办学类型、办学特点、存在问题、典型案例、合作模式等不同的维度进行考察归纳，分析继续工程教育的办学主体的优势和劣势，为进一步问题解决提供现实依据。

第五章以美国、德国、日本三国继续工程教育多元化办学主体的比较入手，分析工业化发达国家工程师情况、继续工程教育办学经验、存在的现实问题等。通过比较研究，能够更加清晰地分析出继续工程教育同它所服务的社会群体之间的必然联系，以及对国内继续工程教育办学的启示。

全书的研究框架见图 1.3

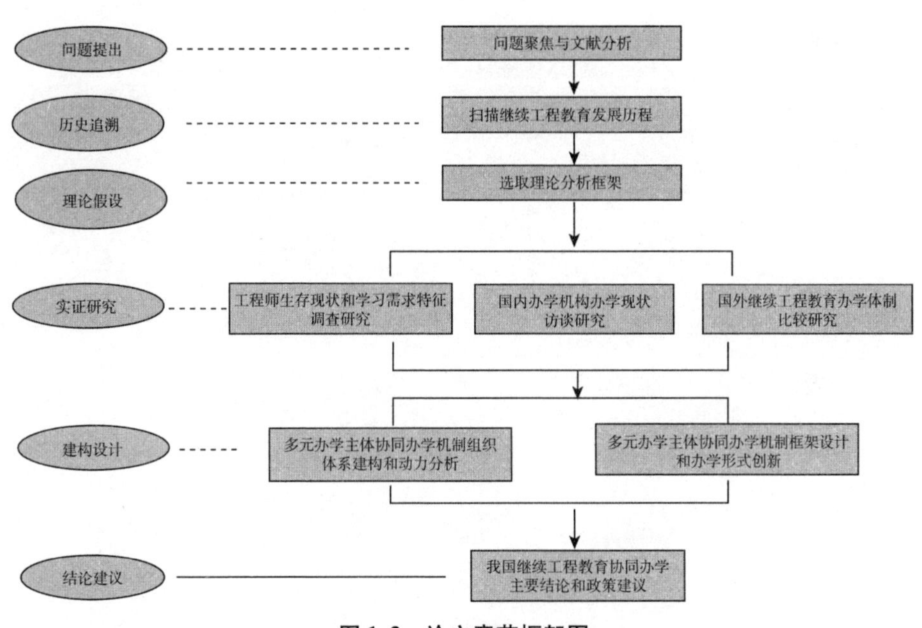

图 1.3　论文章节框架图

第三部分为第六章至第七章，综合运用教育学和管理学的相关理论对第二部分反映出来的问题提出解决办法，探索多元化办学主体协同办学的组织结构和内外影响因素，建构多元化办学主体协同机制，提出办学形式的创新。

第六章从组织理论的视角，探讨多元办学主体协同的组织体系和组织边界，运用系统动力学的原理提出组织系统的动力因素及其影响，辩证地认识动力与阻力之间的联系和转换，从而对继续工程教育办学组织系统的发展和变化有全新的认识。

第七章在多元化办学主体组织体系形成的基础上，建构协同办学机制的基本原则、基本层次和基本内涵，提出六种服务于不同的工程师群体和个体的办学形式以及协同运作过程。

第八章得出本书的主要结论、政策建议以及研究展望。

第二章

概念界定与理论视角

当今社会对多样化、多层次继续工程教育的迫切需求以及各种类型继续工程教育办学形式的快速发展，促使继续工程教育办学实践规律不断丰富并逐步形成体系。从理论和实践的关系来看，理论源于实践并超越实践，实践是检验理论是否正确的唯一标准。继续工程教育办学体制的实践和理论研究是我国教育发展、特别是终身教育发展的重要课题之一，对继续工程教育办学实践活动具有重要指导作用，继续工程教育办学体制的改革与发展应该建立在对继续工程教育办学体制的本体概念和理论基础的厘清认识和理性思考的基础之上。

第一节　基本概念的界定

一　工程教育和继续工程教育

工程教育是一种以技术科学为主要学科基础的培养工程技术人才的专门教育。工程教育的主要任务是传授工程理论和科学技术的知识和技能为特征。“在我国，工程教育主要涉及工科中等职业教育和高等工程教育，培养层次包括专科、本科和研究生，以学历学位教育为主（张光斗等，1995）。”

世界各国早期的手工作坊里师徒传承式的技能传授是工程教育的雏形。“工业革命的兴起使社会对工程技术人才的需求猛增，促使各国建立了很多工科学校，开始系统化传授工程科学知识和技能，促成了早期工程教育的发展，被称为世界上第一所正式的工程学校是1775年在法国设立的国立路桥学校（顾明远，1991)[98]。"工业革命以后，工程技术对人类的发展和进步产生了巨大影响，工程教育作为一种重要的高等教育形式逐渐出现在各主要工业化国家。

新中国成立六十多年的各个历史时期，我国的工程教育一直为国家经济建设和发展提供着强有力的人力和智力支撑。特别是改革开放以来，工程教育的理论研究和实践活动十分活跃，在办学目标、培养层次、专业设置、课程内容、教学安排、师资队伍建设等各个方面的建设稳步进行，具有中国特色的高等工程教育体系基本确立。同时，伴随着高等教育的跨越式发展，工程教育在扩大规模、优化结构、提高质量等方面也有了较大发展。

顾明远（1991)[381]认为，继续工程教育是指"对具有高等学校毕业水平的人员和中级以上职称的工程师、技术员、科技人员和管理人员更新、补充新的科技知识、提高新技术和科学技术素质的教育活动"。

张光斗（1983）认为，"高等工程教育应该包括继续工程教育，高等工科院校必须举办继续工程教育；继续工程教育是大学毕业后在职工程师的知识更新教育，工程师们必须不断学习提高和创新，从而促进社会的发展和进步；继续工程教育实际效益很大，是工程教育面向经济建设的一个方面"。从以上专家学者的论述可以看出，继续工程教育应该属于工程教育范畴，是正规学校教育的延伸或扩展。

美国工程教育协会 ASEE 分别于 1965 年、1967 年、1968 年对工程教育各个方面进行综合考察研究并出版最终报告，指出高校以短期课程、研讨班、夜大等形式开展各级各类的继续工程教育，主要针对学士后教育，目标是提高工程师的个人竞争力（孔寒冰，2007）。协会于 1978 年正式设立继续职业发展部（Continuing Professional Development Division，CPDD），专门负责促进工程师的职业教育的发展、转移和改进，目前已经成为一个世界范围内为个人和组织的工程师和技术人员提供继续职业发展指导和帮助的专业组织之一（Elliott，2003）。

2010 年联合国教科文组织首次发布工程报告，报告指出"随着知识的爆炸、全球竞争和职业变化，促使工程师的专业知识和技能更加专业化。这使得工程师在大学学习期间对专业方向做出更加明智的选择，而且本科教育仅仅提供第一层次的工程教育，要解决工程师专业知识和技能宽度和深度之间的矛盾问题，普遍共识是，工程师后续必须参加继续工程教育（Continuing Engineering Education，CEE）或者继续职业发展（Continuing Professional Development，CPD）（UNSCO，2010）”。因此，国际上比较普遍的提法有两种，即继续工程教育 CEE 和继续职业发展 CPD。

我国关于继续工程教育的含义和对象也有不同的理解和提法，在新中国成立后不同的发展时期先后出现过“继续工程教育”“科技人员继续教育”“大学后继续教育”和“专业技术人员继续教育”四种提法。

①继续工程教育

1979 年 5 月，第一次世界继续工程教育大会在墨西哥城召开，张宪宏代表中国参加了大会。会后，张宪宏多次撰文，宣传继续工程教育的重要作用，介绍世界继续工程教育的发展情况，提出我国继续工程教育的目标方向。至此，继续工程教育的理念传入我国，张宪宏认为，“继续工程教育，指的是对大学毕业后正在工作的工程师和技术员给以进一步的科学技术教育（张宪宏，1984）”。这一提法与联合国教科文组织的提法一致。

②科技人员继续教育

1984 年 11 月，在国家科委的支持下成立了中国继续工程教育协会，成为促进继续工程教育事业发展的全国性、专业性社会团体。1987 年 10 月，国家经济委员会、国家科技委员会、中国科学技术协会根据国家“七五”规划的战略部署，颁布了《企业科技人员继续教育暂行规定》。规定提出，“企业继续教育的对象，重点是从事生产建设、科研、设计、科技管理及其他技术工作的具有中级以上技术职务的科技骨干和优秀青年科技人员。它的任务是全面提高科技人员素质，推动科学技术进步，实现科技管理现代化，为提高企业经济效益和社会效益服务”。

③大学后继续教育

1987 年 12 月，国家教委等相关部委为适应社会发展和经济建设对人才的需求，以及建立高校继续教育制度的要求，发布了《关于开展大学后继续教育的暂行规定》。规定提出，“大学后继续教育的对象是已具有大学专科以上学历或中级以上专业技术职务的在职专业技术人员和管理人员，重点是中、青年骨干。大学后继续教育的任务是使受教育者的知识和能力得到扩展、加深和提高，使其结构趋于合理，水平保持先进，以更好地满足岗位、职务的需要，促进我国科技进步、经济繁荣和社会发展”。同时提出“接受适当的继续教育是专业技术人员、管理人员的权利和义务，是他们大学后进修提高的主要途径”。

④专业技术人员继续教育

1995 年 11 月，为落实国家“九五”计划以及科教兴国战略，人事部颁布《全国专业技术人员继续教育暂行规定》，这是迄今为止唯一的、较为完善的规范继续教育工程活动的全国性法规。规定指出，“继续教育对象，是事业、企业单位从事专业技术工作的在职专业技术人员。继续教育的任务，是使专业技术人员的知识和技能不断得到增新、补充、拓展和提高，完善知识结构，提高创造能力和专业技术水平”。一直以来，人事部即现在的人力资源和社会保障部在国家各个阶段人才强国战略的指导下，对于提高专业技术队伍建设和整体人才队伍素质、促进继续工程教育的规范发展、促进人才强国战略的实施，出台了一系列政策规定并开展了相应工作和人才工程，相关部门、行业协会和高等院校协调配合全面推进了中国继续工程教育事业的快速发展。

从 1979 年继续工程教育引入我国以来，关于继续工程教育的目标对象及其学习任务，专家学者进行了广泛深入的探讨和研究。大多数专家学者认为，关于继续工程教育的不同提法和不同认识与社会发展、政治和经济体制改革的推进等因素有关；而且在新的历史时期，共同推动对继续工程教育的研究，厘清继续工程教育的本质、明确继续工程教育的办学对象，进而发挥继续工程教育的功能和作用，对于我国继续工程教育事业的规范、健康、持续发展非常必要。

为了更好地对国内问题进行学术研究，更便于国际比较分析，本研究采用第一种提法即继续工程教育。综上所述，本书认为，继续工程教育是高等工程教育的延伸或扩展；教育对象主要是大学毕业后的工程师，学历主要是本科及以上；教育目标是通过对工程师的教育和培训，使他们获取知识和提高专业能力、能够获得职业提升或转岗；教育形式包括短期非学历教育和学历教育两种。

近年来，继续工程教育的内涵发生了新的变化，继续教育、成人教育、终身教育等教育理念纷纷涌现，专家学者对这些新的教育理念与时俱进地进行了新的思考和认识。闫智勇（2010）从历史学、语义学、本质属性等角度分析归纳后，认为“从概念涵盖广延性上来说，从大到小依次是终身教育、成人教育、继续教育，三者的融合是在继续教育这个特殊的教育形态中，融合的原因是继续教育的再教育性和成人性。继续工程教育已经不能够涵盖继续教育的内涵和外延，必须使用继续教育作为继续工程教育的上位概念”。李国斌等（2010）从概念的产生历史着手，在分析、研究其各自内涵的基础上，得出概念的逻辑关系为“继续教育是继续工程教育概念的拓展和延伸。即终身教育包含了成人教育，继续教育又被包含在成人教育之中”。郝克明等（2010）从教育发展战略研究的角度，指出“继续教育是面向已脱离了不同阶段学校教育走上社会的所有成员特别是成人的教育活动。继续教育是建立我国终身学习体系和学习型社会的重要组成部分，也是在终身教育背景下迅速发展的一个新的教育领域”。

根据教育发展规律以及学者们的研究结论可以看出，终身学习是一种教育理念，得到全社会的普遍认同，是社会未来发展的重要战略趋势；在终身教育体系中，继续教育是与学前教育、学校教育并列的重要组成部分，在人力资源开发中具有不可替代的战略作用；继续工程教育是继续教育中重要的层次较高的一种形式，是针对工程师的教育和培训。

二　办学体制和继续工程教育办学体制

“国家机关、企业事业单位在机构设置、领导隶属关系和管理权限划分等方面的体系、制度、方法、形式等的总称。”这是《辞海》（2009）2238 中关于体制的说明解释。

首先，体制的形成和发展受制度的规定和制约。社会制度的发展和变化，体制随之发生相应的发展和变化。其次，体制是指特定社会活动的组织体系和结构形式。譬如，政治体制是社会政治活动的组织体系和结构形式，包括立法体制、司法体制、行政体制等等。经济体制是生产、流通和分配等经济活动的组织体系和结构形式，包括生产体制、流通体制、税收体制等。

“指教育事业的机构设置和管理权限划分的制度。主要是教育内部的领导制度、组织机构、职责范围及其相互关系；涉及教育事业管理权限的划分、人员的任用和对教育事业发展的规划与实施，也涉及教育结构各个部分的比例关系和组合方式。”这是《教育大辞典》（2009）中关于教育体制的说明解释。

一个国家教育体制的形成和完善受到很多因素的制约，包括政治、经济、文化、科技等，其中，经济体制对教育体制具有决定作用。在逐步完善的社会主义市场经济体制下，教育体制不再是单一的行政管理框架，而是相应形成的复杂系统，这一系统包括办学体制、投资体制、管理体制以及配套的法律法规。“办学体制一般是指国家规范办学行为的体系和制度。建立办学体制，规范办学行为，是国家或政府宏观管理教育事业的有效措施，亦是国家或政府实现教育资源优化配置的重要手段（赵庆典，2002）。”特定的办学实施机构与一定的规范相结合，就形成了具体的办学体制。以教育内容来划分，有高等教育办学体制、高等工程教育办学体制、继续工程教育办学体制等。

办学体制是教育体制的一个重要组成部分，其本质是对教育权利的分配与再分配。关于办学体制、投资体制、管理体制和培养体制之间的相互关系，学者们开展了讨论，并形成一些共识。王欣（1994）提出“建国以来，我国教育体制实施和变革的实践使我们日益深刻地认识到：教育体制的核心是办学体制，其他体制都是围绕办学体制这个核心而建立”。邬大光（1999）认为“高等教育体制中的管理体制、办学体制、投资体制是一个完整的体制系统，任何完善的管理体制都必须建立在办学主体的有效行为之上才能实现。办学体制在相当大的程度上直接制约着投资体制。而办学体制在其中具有举足轻重的地位，管理体制和投资体制能否顺利运行往往受制于办学体制的合理与否”。刘铁（2004）认为“宏观层面的高等教育体制一般指办学体制、管理体制和投资体制，三者之间既相互联系、又相互制约。就三者之间的关系而言，办学体制是基础，相应的办学体制决定着相应的管理体制和投资体制”。总之，教育体制改革的核心关键在于办学体制，它是深化教育体制改革的突破口；只有办学体制的改革创新，才能从根本上促进投资体制、管理体制和培养体制的改革。

继续工程教育办学体制是指继续工程教育办学活动的组织结构形态和制度规范的总和。继续工程教育是工程师的继续教育，主要通过非正式、非学历、非正规教育的渠道进行，办学涉及学校、企业、各行业、社会各部门、各社会组织，所以继续工程教育办学体制不同于其他教育的办学体制，有其独特性。同时，对于继续工程教育办学体制的认识是随着继续工程教育改革的深入而不断丰富并完善。本书将以继续工程教育办学体制为研究背景，在社会经济发展的大环境下，沿着继续工程教育发展改革的脉络，以继续工程教育办学为主要研究对象，以办学实体为依托，重点研究研究为谁办学、谁来办学以及如何办学三个核心问题。

三　机制和协同机制

“机制：原指机器的构造和动作原理，生物学和医学在研究一种生物的功能（如光合作用或肌肉收缩）时，常借指其内在工作方式，包括有关生物结构组成部分的相互关系，及其间发生的各种变化过程的物理、化学性质和相互联系。”这是《辞海》（2009）1605 中关于机制的说明解释。在现代社会中，机制是一个使用十分频繁、应用范围广泛的概念。在系统理论中，机制被认定为系统的组织方式和动作方式，各个系统要素之间通过相互联系并发生相互作用，能够使系统按照一定的规则和方式运行。由此，机制可以分为静态机制和动态机制。静态机制是指，组成系统的各个部分之间的联系方式，它决定了系统的具体结构，涉及组织结构的分析和设计，以及目的性、层次性、稳定性等结构要求。动态机制是指系统的运行过程，涉及运行的程序、次序和秩序等问题。

“协同”在现代汉语词典（2012）中的解释为：相互配合，彼此协力。20 世纪 70 年代德国科学家哈肯（2005）创立了协同学，他认为，“协同学”意为“协调合作之学”，协同学的目标是在千差万别的各科学领域中确定系统自组织赖以进行的自然规律。一些学者从协同学的角度研究经济发展过程中，复杂系统中各子系统之间通过一系列相互作用产生协同效应，使系统从混沌走向有序，从低级有序走向高级有序，以及从有序又转化为混沌的具体机理和一般规律。Miles（2005）认为“协同关系是建立在动态的彼此关切的基础上，比竞争、合作更高层次的知识分享”。因此“协同”与“合作”相比，更加强调在公平竞争的市场环境中，为实现发展的目标而建立的风险分担，资源共享，利益共赢的关系。

协同机制的内涵可以表述为，在一个系统内，由若干主体按照一定的层次结构组成的有机整体，任何一个主体都有其特殊的优势和作用；这些主体发挥协同作用，保障运作的整体性和稳定性，不断提高运行的效率，使得资源成本的浪费降低到最低点。进入 21 世纪，随着我国改革开放的不断深化以及信息技术的不断发展，新的经济形势促使人们在社会实践中不断探索和追求新的组织结构形式和运作方式，协同机制在科技发展和社会实践中得到运用和发展，在教育领域以产学研协同创新机制的研究为主，主要基于知识管理理论和创新理论对协同机制展开讨论，从组织理论视角进行研究的并不多见。

高校、企业、专业协会、民办培训机构等多个主体以及办学参与者组成一个复杂的、有机的、统一系统，系统中各成员都是有机地联系着，相互之间都存在着协同关系。协同办学机制是指多个主体形成相互协同的关系，通过有效整合资源，形成创新的办学形式，为工程师提供高质量的学习服务，提高办学效率。协同办学机制在继续工程教育办学发展过程中发挥着重要作用，能够使教育资源的配置效率和使用效率得到提高，进而使办学质量和办学效率得到提高。作为一个复杂的系统，多元主体协同办学机制受到经济、市场等多方面因素的制约，要解决组织系统、机制建构和运作等问题，通过这些问题的研究，从制度、政策和机制上找到协同发展的关键点，形成 1 + 1 > 2 的整体效果，实现优质教育资源的有效合理利用，进而实现多元主体社会效益和经济效益的最大化。

第二节　国内外研究现状

由于与本书研究问题有关的文献相当宽泛，但资料数量十分有限而又缺乏系统性，因此研究综述将分别从继续工程教育、工程师、继续工程教育办学主体、协同办学机制四个方面展开，从中得到启发、经过整合思考而聚焦于本书的研究主题。

一　关于继续工程教育的研究

继续工程教育是实践性很强的教育形式，同时它的经济收益一直是国外学者关注的视角。Klus（1974）[29]开创了继续工程教育收益率实证研究的先河，他花费三年的时间，对 1973—1974 年期间在威斯康星大学参加工程项目学习的 417 名工程师进行访谈和问卷调查，获取大量信息和数据，通过实证研究完成调查分析报告，报告根据实证数据对工程师各个方面的情况分析，设计了工作满意度、工资增长和提升、年限工资等六个因变量，认证课程、企业内训、高校课程等五个自变量，企业对继续教育的重视程度、工程师参与继续教育的程度和工程师年龄三个可控变量，用定量方法分析工程师参加继续教育情况与工作业绩的关系。这份报告出版的时间较早，研究背景是20世纪80年代，但是他选取样本的方法、调查问卷的设计以及获得的结论，对当今的继续工程教育收益研究仍有很高的参考价值。Yacov（1989）认为，由于美国院校开展继续教育基本属于自负盈亏，而政府和企业对继续工程教育的投资回报率IRR的认可，在一定程度上决定了高校能否满足企业工程师的需求。Mervyn（2003）提出，政府和企业应该共同为培养高质量的工程师提供充足的资金来源，并且贯穿工程师的整个职业生涯。同时对于工程师而言，网上学习是降低学习成本的有效方式。

继续工程教育的经济学特征是国外学者们讨论的热点问题，而且正是由于其经济特性决定了办学形式要随着市场经济的不断发展而发展。然而，国内关于继续工程教育经济效益的专题研究罕见，张孝楣（1991）针对以企业内部开展的继续工程教育，提出用人均投资消耗额、人均投资收益额、投资收益率和培训人员出成果率四个综合性指标来评估经济效益，这样在保证质量的前提下，用比较少的费用和物资消耗，培养出更多的合格人才，做到人均培训费用降低，并为企业创造更多的净产值。刘阳春（1992）的研究描述了继续工程教育的迟效性、间接性和阶段性使得计量评估其经济效益存在困难，并提出了两种简便的计量评估方法。虽然两位学者提出了一些新的概念和方法，但是方法的科学性和可行性还有待进一步研究和实践。一切教育都有社会服务功能和经济价值，本书虽然没有设立独立章节对办学的社会效益和经济效益进行讨论，但是办学者的社会责任和经济利润的评价作为一种潜在的“价值标准”影响着这本书的观点。

随着时代的发展，为满足学习者个性化、多样化的学习需求，继续工程教育的实践者和研究者，努力寻求新的教育模式，来解决诸如加强高校和企业的合作、满足工程师工作和终身学习的需求等方面的问题。一些国家和地区的学者也根据各自国家和学校的情况，提出了各种各样独特的办学形式。1999年，香港大学职业和继续教育学院经香港大学校董会授权成立公司，采纳公司化运作的管理模式，面对近年来金融危机的影响提出了战略联盟模式，强调以企业文化和领导力为驱动的战略应对（Evia，2005）。丹麦奥尔堡大学基于问题的学习模式 PBL 在应用于工程师继续教育时遇到了很多困难，根据工程师的学习特点，提出了 PBL 改进模式，即基于工作的学习模式 WBL（Flemming，2001）。

陈晋南（2005）通过对美国、英国、日本等国大学继续工程教育的经验和存在的问题分析后，认为加强高校间的国际合作应该是合作各方均受益的活动，能够达到加强能力建设的目的，进而实现教育发展。韩丛艾（1996）结合上海石化股份有限公司开展继续工程教育的实践，对建立现代企业继续工程教育制度进行了实践和研究，从树立新观念、规范基本内容和完善运行机制三个方面系统论述了建立企业继续工程教育制度。韩丛艾（2004）还提出了企业开展继续工程教育的运作模式“过程研修”，该模式有利于企业专业技术人员教育培训与知识管理之间形成相互融合、相互依存的关系，构建企业学习型组织建立的核心内容。

近年来，金融危机对继续工程教育办学带来不小的冲击，面对注册学员的减少、传统项目经费和合作经费的减少，各国继续工程教育的发展都面临新的问题，在节约成本、提高服务质量等方面进行了有益的探索，同时开始从战略选择和科学规划的高度审视继续工程教育的可持续发展问题。Arthur（2002）认为要改变高校传统的继续教育方式，实现将学习者从学生到客户的认识转变，为客户提供按需解决方案。Paul 等（2010）提出了客户关系管理 CRM，认为对工程师学习者进行有效的信息化管理在节约办学成本、提高服务质量等方面的重要作用。由于信息技术和互联网技术的日趋成熟，以及市场管理理论的广泛应用，市场营销模式的策略和方法开始在教育领域得到运用（Mitchell，2004）。传统指导方法和非正式培训形式已不能满足工程师的学习需要，应该从战略角度来定义和规划继续工程教育模式（Masten，1995）。

教育技术对继续工程教育提供强有力的支持和保障，早在 20 世纪七八十年代，克拉斯教授所在的美国威斯康星大学工程职业发展系，就开始通过卫星、录像等形式开设短期课程。20 世纪之后，世界范围的通信网络和强大的计算机技术已经重新定义了远程教育的概念和教育的内容，可以为工程师提供更多的学习选择、更高级的学习项目，而学习的时间成本和经济成本更低。Bourne（2005）在调查工程师在线学习 Online Learning 的质量、规模和广度后，提出在线工程教育方式会进一步使继续工程教育向深度和广度发展，应该推进组织间在数据收集和信息共享的合作。既具有高等学校的特征又具有时间、空间和内容灵活性的虚拟大学对传统大学提出了挑战，特别是工程与计算机和通信技术有着密切联系，虚拟大学对工程教育和工程师终身学习影响深远（Freimut et al, 2001）。

从获得的文献资料来看，国外继续工程教育的研究内容非常丰富，国外学者在继续工程教育模式的研究和实践中，将客户管理、战略规划和经营管理等新的思想和理念融入其中，在继续工程教育的研究和实践中都取得了很大进展，而且理论指导与实践运用相得益彰。然而，国内研究视角和研究内容大同小异，缺乏高质量的研究成果，在实践中推行起来也很困难。究其原因，有继续工程教育的机制体制问题，也有高校和企业开展继续教育的动力问题，还有社会环境的问题。但是从继续工程教育内部来看，关键问题在于人才队伍流动性大，没有专职研究人员，使得研究基础相对薄弱，研究制度不健全，研究工作缺乏连续性，从而影响了研究成果质量的提高。笔者在长期工作实践中积累了大量一手资料，有意通过进一步深入研究，以科学的理论和方法，深入研究继续工程教育领域的相关问题，以期提出有价值的建议和对策。

二　关于工程师的研究

从世界范围看，工程师作为一个职业群体界限的划分很模糊，而且各国的标准不尽相同，但是工程师从学历层面的角度来看，是指工科大学的毕业生，专业活动限定于工程领域。然而，工程领域是一个动态范畴，新的分支和交叉分支不断生成和发展，工程师的工作范围和工作内容不断变化和更新（曼古托夫，1985）。工程师是一个具有悠久发展历史的职业，工程师在世界各国的教育培养方式、社会尊重程度尽管有所不同，但由于其职业特殊性，工程师的教育和培养应该受到全社会的重视（李曼丽，2010）。鉴于继续工程教育与工程师专业成长的共生性，专家学者们一直就促进工程师继续教育与专业发展的相关问题进行着持续和深入的研究。

美国工程院 NAE 近年来持续关注科技进步及社会发展对工程师的需求和挑战，在 2001—2005 年间，组织了“2020 工程师”重大咨询研究项目。该项目得到国家自然科学基金、NEC美国基金会、Honeywell基金会以及美国工程院联合资助。2004年，发布了第一期报告《2020工程师：新世纪的愿景》，在分析新世纪技术与工程应用的联系、社会、全球化、专业性与工程应用的联系的基础上，提出了新世纪工程师的基本素质与特征（NAE，2004）。2005年，发布了第二期报告《培养2020工程师：适应新世界的工程教育》，呼吁工程教育人员、雇主、专业协会以及政府共同重构工程教育系统，在全球化、多元文化、多元种族的背景下培养未来的工程师（NAE，2005）。继续工程教育是与社会、经济、文化密切相关的教育形式，面对世界新的发展变化形势下，原有的体系和模式需要改变、新的模式会出现，需要继续工程教育参与者共同努力。

英国皇家工程院在2007年发布《21世纪的工程师教育》，报告对400多家公司和英国88所大学的工学系进行了调查，并对美国、英国、德国、日本、法国和意大利六国与巴西、俄罗斯、印度以及中国金砖四国的GDP和工程师数量进行比较，指出发展中国家以数量可观的工程师推动本国技术和经济的发展，面对经济竞争和挑战，详细阐述了英国政府、工业协会、企业、大学在新的工程师教育模式下应该发挥的具体作用，以及新世纪工程师的知识和技能的层次结构和所承担的多种责任（RAE，2007）。因此，无论发达国家还是发展中国家，为了提高国家的竞争力，都对工程师应具备的知识和技能提出来新的要求。

中国工程院在2008年所做的《中国工程师制度改革研究报告》中，通过对我国工程师制度存在的主要问题的分析以及国外工程师制度情况的比较研究，指出“工程师制度是我国人事管理制度的重要组成部分，是规范工程技术人员队伍的评价与管理和合理配置工程技术人力资源的主要手段和重要措施”（中国工程院，2008）。因此，为适应经济全球化发展的需要，结合中国的实际情况，建立与国际接轨的工程师评价体系，搭建工程师制度的总体框架，设立完善的工程师继续教育管理制度，才能促进工程师专业知识和专业技能的持续发展。现有的工程师制度已经滞后于国家发展的需要，完善工程师制度建设将更好发挥工程师在国家建设、国民经济发展中的重要作用。

Andries等（2012）认为工程师更新知识和技能是应对竞争经济的先决条件。面对在产品市场激烈竞争的企业和创新性企业，工程师终身学习应该得到培育。面对劳动力市场工程师的缺乏，应该延长工程师的退休年龄，并且提供必要的培训以使他们的知识得到更新、能力得到提高。Guest（2006）提出继续职业发展是工程师终身学习核心组成部分，它不仅是与工作联系密切的持续的学习过程，而且直接或间接与个人的生存质量有关。继续职业发展的学习形式不断发展，可以是正式的学校学习、获得技能证书的学习或工作现场的学习，而且传统的学习和培训模式最终会被全球虚拟学习网络所取代。Paul（2004）认为，学习型社区和学习型组织等学习实体有助于帮助我们全面理解终身学习的各种方式，工程技术人员在工作现场的学习是他们提高技能的主要形式，在终身学习和工作之间建立起了有效的联系。

通过广泛深入的工程教育国际比较研究，张维（1999）提出，进入21世纪，工程师是在全球范围内、在大工程背景下，开展一系列工程活动，所以应该充分重视工程师的价值和工程师的培养；继续工程教育是工程教育的重要组成部分，工程教育体制的建立应该是全方位的。王瑞庆等（2007）从高等工科教育的视角提出关注专业技术人才培养全过程是国际高等教育在大众化、后大众阶段向终身教育发展的新趋势；对于专业技术人员的教育，重要的是要培养他们终身职业学习的方法和兴趣，而不是过多地灌输知识；工程师是在“形成”中成长、实践中成熟的，工程师的培养模式应该进行创新，培养过程应该进行全程关注，只有这样，才能培养出合格的、充分可雇佣的工程师。

从国内外有关工程师教育的研究可以看出，国外对工程师终身学习的研究比较系统具体，研究文献的主题基本可以分成四种类型，即工程师不同成长阶段的知识和能力培训的不同要求、工程师终身学习方式的研究、工程师终身学习的组织保障和资助保障研究、工程师终身学习的技术支持。然而，在国内，虽然有学者对工程师的培养模式和学校工程教育改革有深入研究，但是从终身学习和工程师学习需求的角度研究的较少。本研究将通过在多个工业企业中对工程师开展的问卷调查所获得的实证数据，分析工程师的学习需求，为继续工程教育办学提供客观依据。

三　关于继续工程教育办学主体的研究

1985年，中央出台了《中共中央关于教育体制改革的决定》，明确提出“改革管理体制，在加强宏观管理的同时，坚决实行简政放权，扩大学校的办学自主权”，并且使“学校教育和学校外、学校后的教育并举，各级各类教育能够主动适应经济和社会发展的多方面需要”。从此，开启了教育体制有步骤、有计划的系统改革。随着国家一系列教育改革政策的出台和实施，办学研究也成为教育研究的一个重要主题，专家学者就办学主体、办学模式、办学形式展开了广泛探讨。就办学主体而言，更是持续关注的焦点问题，因为在教育体制改革中，办学主体改革是关键，专家学者的理论研究和实践探讨对各个办学主体适应市场化要求高质量办学发挥了积极作用。

很多教育专家分别就各种教育类型的办学改革给出了很好的建议。例如，邬大光（2008）就高等教育办学体制的研究，提出根据世界高等教育发展的民营化趋势以及我国经济社会发展的实际情况，民办高等教育存在着较大的发展潜力和空间。彭云（2002）就学前教育办学改革过程中出现的问题进行了调查分析。周彬（2008）对提高基础教育办学的实效性与办学效率提出了政策建议。蒋丽（2009）提出对于多元化职业教育办学改革的重大实践，法律制度的补充完善势在必行。

然而针对办学主体的研究文献中，关于继续教育办学主体的研究很少，鉴于继续教育在国家人才战略发展中的重要作用越来越显著，已经引起专家学者的重视，继续教育、特别是继续教育多元化办学的相关问题开始成为热点研究问题。例如，陈申华等（2011）以城乡统筹为背景，提出了继续教育办学体制创新改革的对策思考。刘长平（2006）认为我国继续教育的办学模式应该由单一的政府办学为主要模式，转向多元化办学、合作办学为主要模式，特别是转向校企合作。宋迎清（2010）对成人实施的继续教育的管理体制现状在高度集权、机械呆板、管理失当、法制不全、考评单一等问题进行分析，提出成人教育体制改革的建议，应该“以人为本”构建多样化办学模式。于化泳（1996）通过对日、美、德等国继续工程教育模式的研究，得出了开展继续工程教育的共性规律，即继续工程教育系统必须具备完整性，必须遵循柔性化原则。

从以上学者们的研究观点可以看出，探索和研究适应新时期市场经济要求的继续工程教育多元化办学已经逐渐形成共识，在对继续工程教育多元办学重要性认识的基础上，一些学者从不同办学主体的角度，探讨多元化办学问题。

随着高校扩招，我国民办高校的发展遭遇困境，职业培训给民办高校提供了新的发展空间。走出盲目办学历教育的误区，转型发展职业培训，寻求国外合作成为民办高校寻找出路的应对措施，也成为民办教育研究学者热议的一个视角。谢可滔（2000）提出以市场为导向，建立以职业学历教育和职业培训为主的办学实体，形成灵活的民办办学体制。武斌（2002）认为教育国际化和教育产业化已成为不可逆转的趋势，为促进民办教育的健康发展，教育体制改革和教育结构调整的步伐必须加快，应该为民办教育参与国内外公平竞争创造良好的政策法规环境。民办教育是一种具有中国国情特点的教育形式，目前面临着较多的困难和挑战，很多专家学者一直在积极探讨民办高校寻求机遇、开拓市场、获得新的发展空间的思路。

随着经济全球化的加快和知识经济的发展，越来越多的企业清楚地认识到，要在市场竞争中占有领先地位，归根结底要靠人才优势，优秀的人才、特别是优秀的工程师是企业的核心竞争力。基于企业的战略发展目标，很多企业建立了自己的“企业大学”，形成行业生产和人才供给的良性循环，以及人才的培养、使用、管理的无缝链接。吴峰（2012）认为，知识管理成为企业大学的核心组成部分，企业的 E - learning 将成为学习的主要载体。杜庆波等（2008）认为，企业大学的出现在挑战传统高等教育的同时，也给校企合作带来新的发展机遇，企业大学在职业培训、联合办学、资格认证和实践教学等方面，与高职院校有较大的合作空间。虽然称之为“大学”，企业大学与传统意义上的正规大学还是存在很大差异，如何发挥其独特作用以及如何规范运作，有待进一步探讨。

郭斌等（2008）以广播电视大学为例，将现代远程教育作为一种新型的办学模式，在教学理念、课程设计、测评体系、教师队伍建设等方面提出进一步完善和创新的思路。蔡建中（2005）分别从合作性、多重性和效益性的观察角度，给出了网络教育学院的办学模式分类，揭示出在办学模式规划设计和运行过程中值得关注的数个问题。以信息和网络技术为基础的现代远程教育，作为继续教育的一种便捷的提供方式，办学模式有其独特的本质特征，也是继续教育研究的主题之一，但是不能涵盖高校继续工程教育办学模式的全部。

由于继续工程教育多元化研究缺失科学的研究范式、理论框架和研究方法，大多数研究文献属于经验总结和主观评断，没有形成基本认同，学术价值受到局限。值得一提的是，对于高等教育、基础教育等教育形式办学多元化的实践和研究已经取得了很多成果，相应的文献具有一定的学术和政策价值，为继续工程教育办学多元化的进一步研究提供了可借鉴的分析框架和研究基础。

四　关于协同办学机制的研究

在中国经济全面协调发展和经济体制深化改革的过程中，为了充分利用资源，减少内耗、冲突和摩擦，在经济社会的不同方面以及不同层次上建构协同机制的探索和研究大量存在，这是因为“协同机制是存在于社会有机体之中的一种重要机制（孙寅生，2015）”。社会的进步和经济的发展越来越需要各个社会组织的统筹谋划、协同推进，需要在顶层设计、统筹联动、公平公正等方面对协同机制进行研究。协同机制的研究始于企业协同发展的创新性研究，教育领域中大多集中于产学研合作、校企合作中协同机制建立的研究探索。

在知识经济时代，企业产品和技术的生命周期日益缩短，企业单纯依靠自身力量应对日益激烈的竞争环境，变得越来越困难，很多企业开始走上协同发展之路。协同机制作为一种改革创新模式，也成为专家学者关注的焦点。协同创新正日益成为企业生存与发展的不竭源泉和动力，战略、技术、市场、文化、制度和组织六大创新要素全面协同，实现企业理想的创新绩效（郑刚，2004）。运用知识管理技术和方法，构建企业中组织知识的协同管理理论和方法（李承宏，2007）。两位学者分别从创新管理和知识管理的视角探讨企业的协同发展机制。事实证明，在企业产品和技术生命周期逐步缩短的同时，工程师知识和技术的半衰期也在逐步缩短，促使继续工程教育办学者探索和研究新的办学形式，帮助工程师解决知识和技能更新提高的问题，协同办学机制应该是满足工程师学习需求的必由之路。

饶燕婷（2012）从高校与企业和科研机构合作的视角，通过“产学研”协同创新的内涵和要求的分析，提出在制度设计、政策配套和公共服务平台建设等方面的政策建议。王宝祥等（1999）认为协同教育是一种新的教育观念，针对中小学（幼儿园）的儿童和青少年，学校、家庭和社区等多方教育力量应该相互融合、积极合作、共同育人，实现教育方式的继承与创新。王妍等（2014）以国家开放大学与天津理工大学的合作为例，在成人远程特殊教育和全日制特殊高等教育的发展现状和优势对比分析的基础上，提出两种教育协同发展模式是特殊教育创新发展的新途径。段虎（2014）以深圳信息职业技术学院为个案，以政校行企合作为视角，对多元协同办学体制进行实践探索，在新的办学体制下，进行学院内部管理改革，使学校办学活力增强和办学质量提高，逐步形成校企共赢互促的良好局面。无论是产学研合作还是各种教育力量的融合都说明了教育协同发展的合理性和必然性，随着科学技术的进步和教育的发展，各个相关主体以及教育力量的关联程度会越来越密切。

陆跃峰（1991）对科学技术进步与高等教育发展的协同性进行了深入研究，他通过考察西方科学理论以及高等教育发展史，说明科学技术进步与高等教育发展在特定的历史文化系统中具有协同性；依据协同学理论和现代系统理论，提出科学技术进步与高等教育发展的协同具有层次性，层次结构分为“目标功能层、思想准则层、组织结构层和基础核心层”四个层次；根据皮亚杰的“发生认识论”和库恩的“科学发展模式”，他分析了科学技术、认识结构和高等教育之间的关系，认为封闭的教育体系应该变为开放教育体系，教育、科研和生产应该与终身教育一体化；生产力发展状况构成“科学技术进步与高等教育协同发展的外部条件和动力”。他提出的协同模型，特别是协同的层次性、协同的外部环境因素以及协同演化都是富有启示性成果，值得更进一步地深入研究。

目前，国内关于继续工程教育协同办学机制研究的文献很匮乏，以上学者从不同视角对协同教育及其影响因素的研究，具有一定的学术和政策价值，为继续工程教育协同办学机制的研究提供了值得借鉴的研究基础和研究思路。

从以上综述可以看出，在继续工程教育、工程师、办学主体、协同机制四类研究的交集部分，仍然有很大的研究空间，本书将以满足工程师学习需求为目标，从继续工程教育多元化办学的角度入手，分析各个办学主体所反映出的办学质量和办学效益问题。继续工程教育是教育类型上的定位，大部分关于办学主体的研究都是针对整个教育展开，是一种普适性的视角，对我国教育体系的整体发展有积极的作用，但是继续工程教育直接服务于国家经济建设发展，协同办学机制应该有其特殊的结构和内涵。不同办学形式决定了协同办学机制要素应该具有不同的特点。笔者希望能够把办学主体放在继续工程教育的背景下展开研究，协同办学机制的建构和运作是重点研究的议题。

第三节 理论研究视角

一 准公共产品理论

公共产品理论起源于美国经济学家 Paul A. Samuelson（1954）的两篇经典论文《公共支出的纯粹理论》和《公共支出理论的图式探讨》两篇经典论文，其中提出了公共产品理论的核心问题，他用数学表述形式描述了生产公共产品和私人产品所需资源的最佳配置的特征，对公共产品进行了定义。他认为，某人对一种产品进行消费的同时并不减少其他任何人对该产品的消费，这种产品被称为公共产品。

根据 Paul A. Samuelson 的观点，按照消费是否具有竞争性、效用是否可分割以及受益是否具有排他性三个标准，可以将社会产品或服务分为公共产品、准公共产品和私人产品。竞争性是指增加一个产品消费者会减少其他人对该种产品的消费质量和数量，也就是会产生额外消费成本。可分割性是指产品或服务在消费时能够从技术上分割成许多可以买卖的单位。排他性是指一个人购买了产品或服务的消费权，那么其他人就被排除在消费该种产品或服务的利益之外。公共产品具有消费的非竞争性、效用的不可分割性以及受益的非排他性的特点，诸如国防、司法、公安等，是政府向居民提供的服务，属于公共产品。反之，私人产品具有消费的竞争性、效用的可分性、受益的排他性的特点，通过市场有效提供，如商品属于典型的私人产品。介于公共产品和私人产品之间的产品或服务属于准公共产品。

公共产品、准公共产品和私人产品与经济活动的外部效应密切相关。经济活动的外部效应是指生产者或消费者的经济活动给其他人或社会带来的非市场化影响，这种影响可以是正面的，也可以是负面的。例如植树造林改善了环境是正面效应，过度开采造成环境破坏是负面效应。“公共产品和私人产品可以视为社会产品或服务的两个极端，在现实生活中，大多数产品或服务介于二者之间，兼有这两种产品或服务的特征，称为准公共产品（王善迈，2000）”。教育产品或服务具有一定的消费竞争性和效用可分割性、不完全的受益排他性，而且具有巨大的正面外部效应，因此教育产品或服务属于准公共产品，需要通过政府和市场的共同作用来提供。继续工程教育是以全社会公共利益为前提的，服务于社会和国家，具有公益性，从社会公正和平等的角度，应该按公共产品的方式供给。但是相比于义务教育，国家提供的教育经费有限，不能满足所有需要接受继续工程教育者的需要。一个人接受了继续教育，就会减少其他人接受继续教育的可能性；同时继续工程教育属于大学后高层次教育，教育既是一种消费，又是一种投资。因此继续工程教育是典型的准公共产品，既有公共产品又有私人产品的一些性质。

准公共产品性质决定了继续工程教育的产品或服务应该是市场供给和政府供给相结合，公共选择机制和市场机制共同发挥作用。继续工程教育服务能够为国家经济建设培训各类工程技术人才，培植人力资本，对国民经济收入的增长具有直接的推动作用，使社会成员都能享受经济发展和工程技术进步带来的好处。继续工程教育服务能够提升工程师的专业素质和综合能力，增加个人收入，提高学习者的生活质量。因此，继续工程教育办学机构一方面通过提供教育服务获得社会效益，承担了社会责任，另一方面通过收费实现成本分担和经济效益，其结果是办学者获得经济利益，学习者获得教育收益，国家得到所需的人才，实现了国家、组织和个人三者都受益的效果。然而，与正规学校教育相比，继续工程教育更偏重于私人产品一端，但是由于它的社会成本和社会收益难以测算，使得真正意义上的市场价格难以形成，同时容易形成垄断价格，导致教育供给减少、社会公共利益受损。因此政府的宏观有效调控以及办学机构的微观搞活，两者同时发挥作用成为一种必然和必需。

继续工程教育的准公共产品性质决定了办学机构要以满足客户的学习需求为目标。继续工程教育供求的主体一方是办学机构，另一方为求学者（工程师），工程师是办学机构的目标客户。办学机构利用教育设施设备、教育技术等手段，设计、安排、实施教学实践使工程师获取专业知识和技能，实质上提供的是一种教育服务，工程师通过消费这种服务来提高专业素质、促进职业发展。工程师是继续工程教育服务市场中的需求主体以及劳动力市场中高素质劳动力商品的供给主体，工程师双重的主体地位不容忽视，办学机构在进行继续工程教育服务供给时以及教学过程中，应该考虑和满足继续工程教育需求主体即工程师的学习需求，只有这样才能形成继续工程教育的有效需求和有效供给；才能最大化客户的教育收益率、增加客户价值；才能培养高质量、有竞争力的工程技术人才，才能赢得市场占有率、获取最大经济回报。因此深入研究分析工程师的学习需求特性是有效开展继续工程教育办学的前提。

二 组织理论

组织是管理学、经济学、社会学等多学科共同关注的研究对象，西方学者进行系统研究始于20世纪30年代以后，因此组织理论作为一门社会科学的学科，诞生历史不长，但发展非常迅速，特别是知识经济的兴起、互联网的发展催生了组织结构和管理模式的变革，相应地组织理论也发展到一个空前丰富的阶段。同时作为一门新兴学科，其历史发展阶段和各种流派之间并不存在非常清晰的脉络和边界，但各个时期组织理论所要解决的问题大致相似，而且作为与实践有着紧密联系的理论体系，它的研究和应用范围已经渗透到社会的各个领域，对实践有重要的指导作用和战略意义。因此本书选取组织理论中的经典理论用于继续工程教育办学体制改革发展的研究。

“组织是指这样一个社会实体，它具有明确的目标导向和精心设计的结构与有意识协调的活动系统，同时又同外部环境保持密切的联系（理查德，2011）”。虽然不同的学科对“组织”有不同的定义，但是组织理论将组织作为一个整体，进行宏观角度的研究，考察组织与外部环境之间的联系、组织内部个体之间的结构形态和协调活动方式。组织理论研究的侧重点在于对组织整体本身和组织主要构成部分整体行为的协调以及对组织整体效益的影响作用。继续工程教育是一个完整的社会领域，其中包括各个办学主体，以及参与办学的其他社会组织，它们共同发挥作用，完成继续工程教育的办学活动，实现为社会提供教育服务的功能。将办学主体作为一个组织概念，研究办学组织体系的系统构成、组织边界、影响因素等，将对继续工程教育办学体制改革的组织保障进行探索和研究。

March 等（1972）认为，组织结构应该有三个层次，基层是基本工作过程，较高层是日常生产操作的控制和分配过程，高层是为整个系统进行设计并提供基础目标；组织程序都是由复杂的相互联系的决策结构组成的；大多数的人类决策都是发现和选择满意的备选方案；而只在例外情况决策是发现和选择最优的备选方案。虽然多元的办学主体，行政隶属关系不同，产权关系不同，办学特色也不尽相同，但是它们都从事着继续工程教育办学活动，共同组成一个复杂的社会系统，既具有组织系统的共性，也彰显着特殊性。只有对这一组织系统的基本特征、基本层次有了清晰的认识，才能使各办学主体更好地发挥作用，实现继续工程教育办学目标。

Barnard（1971）认为，组织形成的充分必要条件是要具备组织要素，这组织要素包括共同的目标、个人贡献的愿望和信息交流。无论是正式组织还是非正式组织，在开始阶段是系统内部组织要素之间的平衡，随后及最终是系统与外界环境之间的平衡，这种平衡的维持决定了组织的持续存在。一个组织要持续存在，组织结构既要具有合理性，又要具有有效性。继续工程教育办学竞争日趋激烈，单个办学主体要生存和发展，协同发展成为必然趋势。继续工程教育资源的共享和合理利用，使办学主体从单纯竞争到合作共赢，使得办学主体之间形成松散的、动态的开放社会组织体系，信息技术的运用从根本上改变着办学主体的组织模式，使得组织结构呈现网络化、虚拟化的趋势。

由于社会系统、组织、经济的高度复杂性和不可逆行，现实社会中组织的丰富多彩以及演化形式的瞬息万变，使得传统组织理论很难解释这些现象。一些科学家和研究人员探索将物理、化学等学科概念和原理延伸到社会系统，通过学科交叉和融合解决复杂社会系统问题。以自然科学、特别是动力理论为研究组织系统的复杂行为提供了有利的工具。拉尔夫（2000）认为，人类组织是复杂的自适应系统，存在稳定源和不稳定源，组织在混沌的边缘是具有创造性的。多元办学主体协同创新、共同发展受到一系列源自自身和外部多个因素的影响。由于影响办学主体的因素非常复杂，并且各影响因素处于不同的层次上，对办学质量以及效果产生影响，而系统动力学在思维模式上注重办学系统的内部和外部关系、整体和局部的关系、办学主体之间的差异和相互影响，所以在组织理论的指导下，结合系统动力学的原理和方法对继续工程教育办学组织系统进行动力分析，能够充分发挥办学系统内外动力的作用，推动继续工程教育改革发展的顺利进行。

三　委托代理理论

现代委托代理理论始于19世纪30年代，美国经济学家Berle和Means（1991）指出，企业所有者兼具经营者的现象存在很大弊端，倡导所有权与经营权的分离，拥有专门管理知识的职业经理应该掌握对企业的控制权。从19世纪70年代开始，一些经济学家，包括莫里斯、詹森、霍姆斯特姆、法码等对企业内的信息不对称和激励问题进行了深入研究，委托代理理论有了很大发展。目前，委托代理理论的分析框架已经应用到经济、教育、法律等各个领域中，解决的问题越来越接近实际，越来越复杂。委托代理理论在继续工程教育办学实践研究中的运用，有助于办学主体权益的理解以及激励机制的制度设计。

委托代理关系是一种契约关系，根据契约，一个或多个行为主体（委托人，Principal）指定另一个行为主体（代理人，Agent）为其提供服务，与此同时授予后者一定的决策权力。因此，契约规定了委托人和代理人的权、责、利界限以及一定的约定指标（如利润指标）之间的关系（Jensen et al，1976）。从委托代理的角度来看，继续工程教育办学的所有者、投资者与经营者之间必然存在着一种“契约”，使三者之间的利益冲突得以调和。“契约”是合约化的信任关系，“契约”的核心应该是具有激励意义的产权所有者、投资者和经营者之间利益的平衡。通过继续工程教育产权、经济利益的界定评估以及办学主体报酬机制的确立，以契约形式严格划分办学的所有者、投资者和经营者的权、责、利，才能保护各方的合法权益以及提高教育资源的配置效率。

20世纪早期的委托代理模型大都集中于企业经营管理问题，针对代理人的激励约束机制。20世纪后期，随着委托代理理论的不断完善以及在现实社会的广泛应用，委托人和代理人对风险的不同认识、多重的委托代理关系和动态的委托代理关系成为主要研究问题。霍姆斯特姆模型用于证明在委托人和代理人信息不对称、代理人进行风险规避的条件下，代理人的随机收益值、委托人的随机收益值与激励约束条件之间关系，以及可实现的最优激励合同（Holmstrom，1987）。魏茨曼的效应模型提出在长期的委托代理关系中，代理人努力带来高收益的同时，会降低努力程度，也就是棘轮效应会弱化激励机制（Weitzman，1980）。由于继续工程教育办学主体的复杂多样，政府、企业、高校、社会中介组织以及其他参与机构之间存在多任务的委托代理关系，多重委托代理模型为他们的合作提供了理论依据。

委托代理理论提出，在竞争的职业经理人市场，职业经理人的能力信息和努力程度可以从其过去的经营业绩反映出来，职业经理人会为其在职业经理人市场上的声誉而努力工作（Fama，1980）。同时，职业经理人获得报酬是靠出售服务和技能，而不是靠感情和兴趣，职业经理人管理企业通过程序和规则来实现。继续工程教育与市场经济的关系密切，应该借助于职业化分工通过市场合约来实现继续工程教育的专业化分工，实现隐性契约显性化，实行专业服务的合同化。通过有效的监督机制使办学主体、参与者的收益和风险与办学的收益和风险联系起来，才能提高继续工程教育办学活力进而提高办学质量。

第四节 本章小结

继续工程教育起源于欧美发达国家，由于历史、社会、经济和文化背景的不同，塑造了我国继续工程教育独特的发展路径，也使得我国继续工程教育的内涵认识和理论研究更加值得关注。

继续工程教育是一个丰富复杂的教育系统，按照工程教育、办学体制和机制的顺序层层剖析继续工程教育、继续工程教育办学体制和协同办学机制的基本概念，进而清晰建立多个概念内涵之间的相互联系和区别。通过对继续工程教育的概念界定和理论认识可以看出，随着时代的发展，继续工程教育的相关概念内涵不断丰富、外延不断扩大，在深入实践和广泛讨论的同时，从准公共产品理论、组织理论和委托代理理论等理论视角探寻可以借鉴的理论依据，才能真正认识继续工程教育的本质，明确继续工程教育的作用，进而推动继续工程教育办学的发展与创新。

第三章

继续工程教育办学体制历史回顾与发展趋势

在我国继续工程教育的历史演进中，透视着继续工程教育的发展规律、内在逻辑和因果关系。在继续工程教育历史呈现、现实问题和理论探寻的驱使下，厘清继续工程教育的发展阶段、探寻继续工程教育的发展趋势，才有可能形成对继续工程教育办学体制、多元主体协同办学机制以及办学形式改革之间内在逻辑关系的清晰认识，进而构建起多元主体协同办学机制的研究思路和理论框架。

第一节　我国继续工程教育办学发展阶段的历史回顾

一　起步（1979—1988）

新中国成立之初，中国的教育事业在一片“废墟”上重建，吸收旧中国的某些有用的教育经验、借助苏联的教育模式，进而建设社会主义的新教育并探索新中国高等教育的建设方向。随后，中国经历了长达十年的“文化大革命”。这场政治运动对中国的教育、科学技术事业是一场巨大的灾难，“文化大革命”结束后中国进入了新的历史时期。

1979 年世界首次继续工程教育大会召开以后，我国积极参与国际继续工程教育活动，继续工程教育从政府层面得到重视，继续工程教育活动开始纳入国家计划范畴。1984 年 11 月，在国家科委的支持下成立了中国继续工程教育协会负责我国继续工程教育的宣传、组织、推动、服务工作。“从 1980 年以来，每年大约有100万人次，相当于10%～13%的科技人员接受不同程度的不同时段的继续工程教育（张宏宪，1989）[2]”。上至中央部委，下至各地区、各行业的企事业单位，都纷纷介入组织和实施。从1985年起，清华大学、北京航空航天大学、北京理工大学等工科院校先后成立了继续教育学院，各个工业生产部委建立了继续教育系统，省市建立了继教中心、进修学院，鞍钢钢铁公司、上海石化公司、洪都机械厂等一批国有企业积极开展职工培训，继续教育活动十分活跃。

由于实行高度集中的计划经济体制，计划是经济运行和资源配置的唯一手段。政府是继续工程教育的唯一办学主体，办学重点对象在企业，主要力量在高等学校，经费安排和使用带有明显的计划经济的特点，办学的竞争发展较慢，培训效益不大，以补缺教育为主，“边工作、边学习、边提高”是学习者的普遍认识。大企业对继续工程教育的需求强烈，动力稳定，经费最为充分，规章制度执行较好。中小型企业的科技人员数量少，经济力量不足以自办继续教育系统，更多的是依赖大学和地方性的行业学会。大学继续工程教育拥有可提供的新知识和富余的师资力量，企业培训对教育机构的依附较强，所以大学的收费过高，主要从收益单位合理收取代培费，以学养学（张宏宪，1989）[3]”。

二　初步发展（1989—1998）

1989年7月，根据国务院机构改革方案，继续工程教育工作由国家人事部统一进行管理和指导，各地区、部门在行政上均设有相应的继续工程教育的管理机构，制定具体规划和法规，协调和指导本地区、部门的工作，基层企事业单位接受上级部门的指导、管理，并可自主组织各类活动，初步建立起了全国统一规划、协调一致的继续工程教育管理和运行机制，各级、各地区分级管理、各负其责、分块实施。1989年10月，《天津专业技术人员继续教育暂行规定》颁布，随后北京、福建等地方性继续教育法规的相继出台，继续工程教育工作开始向法制化、规范化方向发展，并逐步形成以法规建设为主体，建立了包括规划设计、学分登记、效益评估和科目指南在内的主体结构，形成一整套正规化的协调行动机制。

高等学校是继续教育的主力军和重要基地的地位得到明确。1993年，教育部成立了高等学校继续教育协作组，为推动高等院校的继续教育工作，特别是继续工程教育做了大量工作。继续教育开始作为普通高等学校的一项重要任务，纳入学校的事业发展规划，并且得到快速发展，在整合国内外优质的教育培训资源、形成产学研相结合的机制、探索利用信息技术开展远程教育新模式等方面具有独特优势。1993 年清华大学继续教育学院的课题“面向社会发扬优势积极开展继续教育”获得国家级优秀教学成果一等奖。由于高等院校出于对师资水平的保证和控制教师的编制，一般不承认教师承担继续教育课程的工作量，同时对教师讲课留成过高，影响了教师从事继续工程教育的积极性。

企业是继续工程教育的主战场，形成了“以经济建设为中心，紧密围绕党和国家的总目标、总任务和本行业、本企业中心工作”的指导思想。在一些大型企业和企业集团中呈现出领导重视、职工积极参与的良好局面，培训基础设施建设不断加强。加强对高级科技人才与高层次管理人才的培养，成为推动企业生产经营和技术进步的重要力量；有效组织和开展继续工程教育活动，成为企业人事管理工作的组成部分。然而，仍有很多企业、特别是中小企业，继续工程教育工作没有纳入企业管理的运行轨道。从发展状态来看，处于停滞或半停滞状态；从办学水平看，教育质量不高，教学手段落后。

这一时期随着以公有制为主体、多种所有制经济共同发展的基本经济制度逐步明确。政府独家办学的局面开始被打破，形成了高校继续工程教育和企业继续工程教育两大办学主体。随着国家经济体制改革的深入，各办学主体普遍遇到了政策驱动问题和经费不足等问题。“在中国，继续教育不可能由一个部门一统天下，应该是在有关方面的协调下，纳入到中组部的全国干部培训规划总体框架之内，各个行政管理负责单位共同努力，调动研究所、高校、企业自身的积极性，以及中国科协推动各全国性学会把这个事情组织起来。继续教育是个艰巨的工程，又是一个很复杂的工程，需要动员社会各行各业共同来完成这个伟大的、艰巨的工程（程银生等，1993）”。

三　蓬勃发展（1999—2008）

1999 年 4 月，“联合教科文组织清华大学继续工程教育教席”成立，建立教席，表明中国国际威望的日趋提高，中国继续工程教育的成功经验，可以给其他国家，尤其对发展中国家提供经验，促进全球的共同发展和进步。2000 年，教育部机构进行改革，组建了中国高等学校继续教育学会，并以二级协会加入高等教育学会，继续教育工作划归高教司领导，继续教育开始成为高等教育的重要组成部分。2002 年，清华大学继续教育学院实施改制，成为二级办学实体，实行企业化运作的模式，开始进行继续教育管理体制的改革。面对社会多元化的教育需求，高校必须做出合理回应；面对日趋激烈的市场竞争，高校必须做出战略选择。因此，很多高校纷纷进行了管理体制的改革，并且根据自身的专业设置和学科特点，实施特色化办学，在赢得社会效益的同时，获得了较好的经济效益。

2005 年 9 月，《专业技术人才知识更新工程（“653 工程”）实施方案》发布，国家“653 工程”开始正式启动。在 2005—2010 年期间，重点在现代农业、机械制造、能源技术、信息技术、现代管理五个领域，培养了具有创新能力、掌握科技前沿知识和尖端技术的优秀专业技术人才共 300 万名。在当时人事部专业技术人员管理司和中国继续工程教育协会共同组织实施下，相关部门、行业协会和高等院校协调配合全面推进了工程的实施。因此，国家建设、企业生产对人才的数量和质量、组织和管理提出来更新的标准和更高的要求，分层次、按岗位、不间断地对职工进行继续教育成为企业培训的重要任务。

民办培训机构开始成为培训市场的活跃者。2002 年 12 月《中华人民共和国民办教育促进法》颁布，自 2003 年 9 月 1 日起施行。新东方教育集团、安博教育集团等民营教育企业凭借体制灵活、反应敏锐，适应力强等诸多特殊优势，迅速在教育培训市场占有了一席之地。此外，广播电视系统、远程教育基地、电化教育基地等一批采用现代技术的教育培训基地在配套政策资金支持下发展迅速、颇具规模。

进入 21 世纪，世界经济全球化日趋明显，以信息科技、生命科学、新材料技术而形成的新产业革命与第一次工业革命远远不同，产业结构的重新调整、知识理论的交叉融合、科学技术的转化应用，这些新的现象给社会发展和经济建设带来巨大变革，也给继续工程教育事业的发展提供了强大推动力，空前活跃、发展前景广阔的教育培训市场开始逐步形成。

四　战略转折（2009年至今）

2009年，全国专业技术人才培训人数达到历史最高点，全年总培训人次达到3000多万；截至2009年底，全国各级各类培训机构发展总规模也创历史纪录，达到近6万家。继续工程教育有了较大较快发展，逐渐由学历教育转向非学历教育为主、由文凭教育转向职业教育、由面授为主转向多元化互动学习为主，终身化、信息化、市场化、国际化、立体化的发展趋势日趋明显，多层次、多类型、多规格的继续工程教育办学格局初步形成。从2010年起，《国家中长期教育改革和发展规划纲要（2010—2020年）》为继续工程教育发展描绘了宏伟蓝图，而且《国家中长期人才发展规划纲要（2010—2020年）》为继续工程教育服务于国民经济建设与社会发展主战场指明了具体方向。

然而，继续工程教育的参与率较低，特别是在基层一线工作的工程师，他们的继续教育还十分薄弱；虽然全社会形成了广泛参与的办学格局，但是照搬学历教育模式、办学形式单一，已经不能适应工程师对教育培训的需求；各类办学主体在办学发展过程中形成了一定的办学规模，积累了很大办学经验，但是各自为政、封闭保守、重复建设等现象使得办学主体的进一步发展遇到了瓶颈。这些问题表明，继续工程教育的办学体制已经严重滞后于继续工程教育发展的要求，面对新的机遇和挑战，深化继续工程教育改革、丰富并完善多元化办学体制成为重要议题，继续工程教育开始进入战略转折发展期。

第二节　我国继续工程教育办学体制的发展趋势

一　我国继续工程教育多元办学体制的发展趋势

继续工程教育办学体制从工程师群体的个人职业发展、组织需要以及社会需要出发，由高校、企业、社会组织、政府以及其他社会力量等办学主体，利用教育资源形成多种办学形式，为工程师提供学习内容、学习条件以及搭建学习平台。继续工程教育办学体制由办学目标、办学主体、办学形式三个基本要素组成。办学体制以满足工程师的学习需求为办学目标，办学体制的关键是办学主体的确立，办学体制的核心是灵活多样的办学形式。三个基本要素之间既相互区别又相互联系。

继续工程教育办学体制的基本特性是开放性、稳定性、营利性和动态性。开放性是指不设置严格的入学标准，对年龄、家庭背景、学历等不设置严格的限制，采取开放招生、先报名先注册、招生人数不足不开展，不考虑延续性和承接性的原则。办学体制的稳定性体现了各个办学要素之间的合理建构、和谐运转之后产生的整体办学效用，具有系统性特质。营利性是指办学主要按照市场化经营模式，以社会需求为导向，以成本核算、自负盈亏的方式获得经济利益。动态性是指办学体制与社会其他体制之间保持着物质、精神、信息等方面的交流，并随着社会经济的发展而不断变化。

“元”的概念在中外认识论、心理学、历史学等很多学科都有论述。在我国著作《春秋繁露·重政》中有“元者为万物之本”。从哲学起源而言，“一元论”一词由德国哲学家沃尔弗所创用，主张世界的本原只有一个；“多元论”则认为，事物的产生、发展是有多种本原因素所构成。从事物演变的差异性和多样化的高度来看，“多元论”的哲学学说符合事物自身发展演变的规律，也符合人类多样化思维的求异模式。“多元论”指导人们对事物进行多途径、多层面、多角度研究，并在此基础上开展多种形式的实践活动，由此达成对事物的感觉、知觉、经验、理论、知识和真理层面上的全面认识。“多元论”在教育领域有着广泛的运用，对教育问题进行多元化的认知和思考必将丰富教育理论内容和实践活动。

“我国继续教育的提供主体，正在日趋多元化。建立灵活、开放、多元的继续教育制度，完善继续教育办学体制，形成公办民办并举、开放办学、多元投入、优势互补的办学格局（郝克明，2011）。”“发展企业、民办、私立高校走多元办学体制的道路，其意义就不只是减轻国家对高教投资的财政负担问题了，而是市场经济体制条件下必然要出现的高教现象（眭依凡，1993）。”越来越多的专家学者认识到，继续工程教育办学体制的改革创新，应该向着多元化方向发展，实施继续工程教育办学体制的多元化发展，是新形势下继续工程教育的必然选择。

虽然专家学者对办学体制改革应朝着多元化发展达成了一定共识，但是目前学术界对于多元办学体制的内涵看法并不一致，归纳起来，大致有四种观点：第一种观点认为，多元化办学体制就是办学主体的多元化，世界上有两种基本的办学体制：一种是政府单一办学体制；一种是多主体或多元办学体制（蓝劲松，2001）。第二种观点认为，多元化办学体制主要是指投资主体的多元化，政府、企业、个人和社会团体是投资主体，它们共同投入资金，一起参与办学，并且分享投资受益（韦进，2004）。第三种观点提出，多元化办学体制改革涵盖多元化的投资体制、多渠道的经费来源以及多元化的办学主体，其中产权归属是改革的核心内容（徐冬青，2000）。第四种观点提出，多元化办学体制是指合作办学的多元化，“政校企外四方合作办学体制的核心内涵就是建立多元化的办学机制（张志坚，2013）”。

继续工程教育多元化办学体制受到经济、政治、文化等多方面因素的制约和影响，不仅涉及教育系统和企业，而且与政府、专业协会、民办机构等社会系统有着广泛而密切联系。继续工程教育多元化办学体制随着实践的发展会积淀丰富的内容并且逐步形成完善的体系，不仅能够促进继续工程教育的发展，而且有利于形成教育与经济的良性互动。通过对继续工程教育办学体制基本特征的理解、对继续工程教育发展历程的梳理，以及对理论基础的探析，可以更加全面认识继续工程教育多元化办学体制的内在关系，并且形成继续工程教育多元办学体制改革的基本思路。

二　继续工程教育办学体制与协同办学机制的关系

通过对继续工程教育办学体制的基本概念、发展历史、理论基础所涉及的关键问题的深入分析，可以清晰建立起办学体制、协同机制、办学形式改革之间的关系（图3.1），明确它们之间的层次关系，才能更好地解决“为谁办学”“谁来办学”“如何办学”三个基本问题，才能更好进行多元办学体制的改革。在复杂而多变的继续工程教育市场环境下，明确办学体制、协同机制和办学形式，通过多元主体协同机制发挥作用，实现继续工程教育办学创新，进而推动继续工程教育事业持续健康的发展。

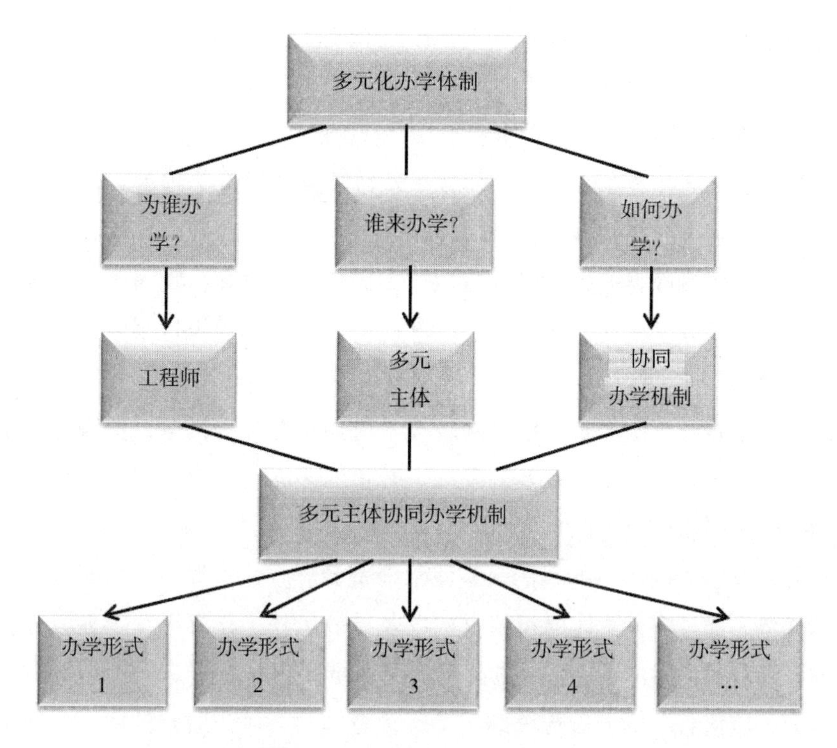

图 3.1　办学体制、协同办学机制和办学形式的关系图

①多元主体的形成和确立是办学体制多元化改革的基础

"经济增长和发展，在很大程度上，是与劳动者的质量和技能，资本积累以及技术发展相联系的（希恩，1981）。""教育领域中的办学体制是经济领域中基本财产关系的表现（王善迈，1994）。"继续工程教育有别于其他教育形式，与经济有着更加密切的关系。当经济体制发生变革之后，办学体制必将发生变革。非公有制经济的迅速发展、资源配置的市场化转变使得继续工程教育办学要适应供求关系的变化，实现优胜劣汰。因此，市场经济体制决定了继续工程教育必须要朝着多元化办学体制改革发展。

继续工程教育多元化办学体制的必要性已经被历史实践所证明，办学主体的变化决定了办学体制的变化，多元办学体制确立的关键在于布局合理、办学自主、责权分明的办学主体布局的形成。市场经济对单一的政府办学提出挑战，给多元主体发展带来了契机。所以，办学者不仅要按教育规律办学，而且要按经济规律办学；继续工程教育的办学是需要经营的，否则就不可能生存和发展，需要考虑市场、质量、成本、风险等一系列问题。

②科学合理的多元主体布局有利于教育资源的优化和有效利用

办学体制多元化改革缘于工程师教育学习旺盛与继续工程教育供给严重不足之间矛盾的解决。“教育作为一种服务，可以由政府提供，可以由社会团体提供，也可以由居民或企业来提供（厉以宁，1995）。”目前，我国继续工程教育办学主体的多元办学格局已经形成，办学机构的数量和规模达到空前发展，但是培训的数量和质量却得不到保证。资源配置不均衡，资源分散，共享程度低，优质继续工程教育资源不足，信息网络技术应用不充分等问题，使得各办学主体的优势作用没有得到充分有效的发挥。真正的多元化办学，不应该只是带来“元”的增加，同时应该是办学质量和办学效益的提高。

多元化办学体制改革的目的，是使学校资源、企业资源、公共资源、私人资源的优势，通过多元主体的组织重构以及有效运作，化解继续工程教育投入不足与资源相对浪费的矛盾，一方面调动更多的社会力量捐资助学、参与办学；另一方面，应该着眼于突破传统继续工程教育模式，跨越时空的限制，使优质教育资源以更低成本、在更广范围内、让更多的工程师享用，为工程师提供更加便捷的学习途径。同时，在继续工程教育资源相对短缺的条件下，信息技术也将成为继续工程教育发展的重要推动力。

③多元主体的协同发展是实现继续工程教育可持续发展的有效途径

除了学历继续工程教育，继续工程教育办学活动主要是大量的、非学历教育培训活动，周期短、知识和技术更新快、针对性强的特点决定了办学的专业性和灵活性。办学主体是教育服务的提供者，办学机构的地理位置、办学实力、社会认可度以及发展战略等因素决定了其核心竞争力和办学特点。然而，办学主体所形成的独立封闭系统彼此独立、缺乏沟通，使得资源单一分散、难以高效利用造成浪费现象，以及办学项目雷同、过度竞争造成的低效现象，使继续工程教育发展遭遇瓶颈，抑制了继续工程教育事业的可持续发展。

多元主体需要形成相互联系、相互沟通的综合体，建立各主体的深度合作及伙伴关系，各种办学要素的有机结合而不是简单叠加；在更高层次上构建跨越传统组织边界的组织模式，体现办学方式、目标和功能的整体统一性；充分利用互联网技术，实现彼此的信息交流和组织重构。多元主体需要改变传统思路，创新办学理念，从竞争到共赢，从合作到协同。发挥各自的办学优势，整合互补性教育资源，提高办学质量和办学效率，才能走上稳定的、可持续发展的道路。

④多元主体的协同办学机制带来灵活多样的办学形式

扩大社会办学权力，减少政府办学权力，民办培训机构得到更多的尊重和重视，中介组织发挥其他组织无可比拟的作用，企业办学得到进一步巩固和发展，高校办学的战略调整更加准确到位，这是多元办学体制改革应该呈现的良好发展态势。经过调整和布局后，原有主体的地位和作用发生了变化，其教育行为也会随之发生变化，各个主体的规范界定在于对办学主体及其办学机构的办学行为进行规范，使其应有的权利得到保障，应尽的责任得到履行。调整继续工程教育办学主体结构并使各主体之间相互协同。

科学合理的多元办学主体的布局，互联互通的协同发展带来的是多样化的办学形式。办学形式的多样化是继续工程教育最具活力的体现，因为“合适的才是最好的”。继续工程教育办学并不是办学主体之间的单纯竞争，而是协同基础上实现无缝对接，提供适合工程师需要的教育培训。无论是集体培训还是一对一辅导、无论是传统课堂授课还是网上的自主学习，每一种办学形式都具有不可替代的作用，办学形式的多样化能够促进继续工程教育与经济、社会的广泛联系。

第三节　继续工程教育多元主体协同办学机制的理论框架

继续工程教育多元主体协同办学机制的建构和运作是一项复杂的系统工程，因为它与社会、经济的方方面面会形成密切复杂的关系，仅仅从教育自身的发展规律来寻找其最佳方案是远远不够的，必须从继续工程教育教育与社会、经济关系的广阔视角，运用经济学、管理学、组织理论与方法，对多元主体协同办学机制的建构做初步的尝试。只有从不同的学科进行审视，才能获得多元主体协同办学机制的理论依据，应答继续工程教育办学体制改革的理论呼唤(图3.2)。

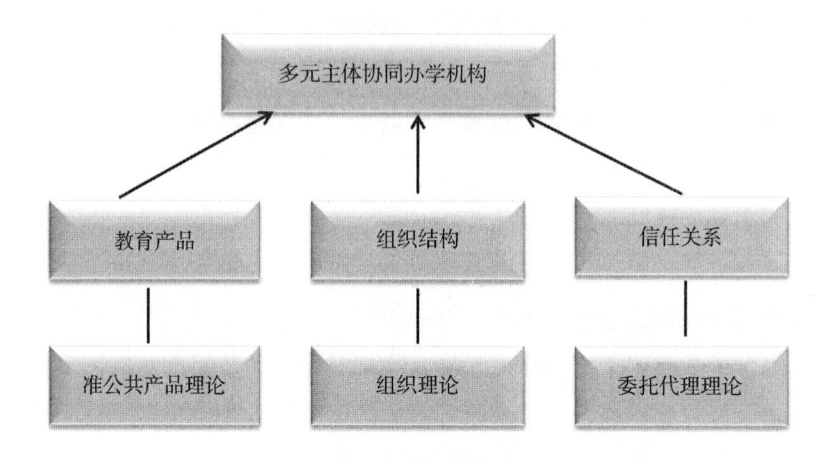

图 3.2　多元主体协同办学机制的理论框架图

准公共产品理论为多元主体协同办学机制提供了继续工程教育产品的理论依据。继续工程教育办学主体提供的教育产品属于准公共产品，这种教育产品就是教育服务。继续工程教育办学主体的办学活动就是培训项目的研发、生产、经营过程。办学主体树立“一切工程师为中心”的服务理念，对办学活动进行高效管理，给工程师提供优质的教育服务，经营之后获得的“利润”，不仅能够为进一步发展提供资金保障，而且能够使投资者获得社会效益和经济利益。教育产品进入培训市场进行交换，多元主体形成竞争格局，通过市场的供求调节和办学主体的收益成本调节，实现继续工程教育供求的总量均衡和结构均衡。

组织理论为多元主体协同办学机制提供了多元主体协同组织结构的理论依据。多元办学主体共同形成一个复杂的、动态的、开放的组织系统，它在与外部社会环境的持续交流过程中达到动态平衡。继续工程教育竞争的加剧，需要通过组织系统的不断发展壮大来实现资源的有效配置以及办学成本的降低，地理空间约束以及传统的正式组织不再是利益群体聚合和扩展的根本性约束，信息技术对经济活动和教育活动的影响逐渐深入，办学主体的组织结构也随之发生实质性的改变。继续工程教育不同于正规学校教育，属于小批量、多层次、多样化教育服务经营活动，所以组织理论关于继续工程教育组织结构的诠释有着广泛的研究空间。

委托代理理论为多元主体协同办学机制提供了多元主体信任关系的理论依据。多元主体格局形成之后，各个主体不同的利益追求和相异的目标函数也显现出来，使得办学活动存在很多不确定性和复杂性。为了减少这些不确定性以及降低风险成本，各方应该通过契约方式建立起平等的、合法的、规范的信任关系，形成有效的激励约束机制，实现风险分担和利益分享。委托代理关系虽然在多元主体协同办学中普遍存在，但是委托代理的理论模型并不能够完全解释并解决这些复杂问题，应该运用委托代理理论的思路和方法，对协同关系进行理性分析，提高认识层次，规范并提升办学主体之间的战略协同关系。

继续工程教育作为一种工程师培养和训练的复杂社会活动，涉及多方利益关系主体，必须关注教育资源的稀缺性、办学主体的利益相关性、教育服务的专业性所带来的社会影响。将继续工程教育办学主体置于更为广泛的、庞大的社会经济体系中，将继续工程教育办学活动建立在一定的价值观念和利益驱动的基础上，引入前沿理论和观点以求转变继续工程教育办学理念，实现从统一控制到开放搞活的转变、从办学自主权的诉求到经济利益的实现的转变、从恶性竞争到协同共赢的转变，才能调动各个办学主体的积极性，促进彼此之间的协同合作，昭示创新办学形式在继续工程教育发展中的强劲活力和生机。

第四节　本章小结

继续工程教育在我国经历了起步、初步发展、深入发展和战略转折四个发展时期，在国家、经济、市场以及文化等多方力量的驱动作用下，在不同的发展阶段，继续工程教育都显现出不同的表现样貌和运行特征，特别是从一元到多元的办学主体格局的发展变化，更是彰显出具有中国特色和实然形态的继续工程教育办学体制。

通过对继续工程教育的历史梳理可以看出，继续工程教育多元办学体制改革的合理性和必要性，而且继续工程教育多元办学体制改革是一个涉及广泛社会系统的复杂问题，必须充分理解继续工程教育办学体制的基本特征和发展规律，重新阐释多元办学体制的丰富内涵，在此基础上得出多元办学体制、多元主体协同办学机制以及办学形式改革之间的关系脉络，进而形成本书对多元主体协同办学机制的研究思路和理论框架。

第四章

继续工程教育办学对象学习需求的实证分析

继续工程教育首先要解决“为谁办学”的问题，工程师群体是继续工程教育的办学对象。工程师工作状况和学习需求特性的分析研究，对于办学主体制定办学目标、确立办学形式、形成办学特色具有十分重要的作用。在中国，工程师群体主要来源于高等工科院校的毕业生，然而从高校毕业生成为合格的工程师，需要经过长期的工作实践和持续的学习培训。从工程师实际需求看教育，探讨继续工程教育的“应为”，是继续工程教育办学体制改革的根本出发点。

第一节　工程师状况

一　工程师的分类

随着社会发展和技术进步，工程领域不断扩大、工程活动不断延伸，进而不断形成新的学科和领域。作为从事工程活动的专门人才，工程师所发挥的作用越来越大，分工越来越精细，工程师的培养对国家未来经济社会发展具有深远影响。在中国，对工程师群体的分类主要有按照专业领域、岗位特点、能力水平等几种方法。

按照工程师从事的专业领域来划分。从工程的专业领域或物质对象来看，历史上先后形成了土木工程、机械工程、电气工程以及化学工程等专业领域。与此相对应，也就形成了土木工程师，机械工程师，电气工程师、化学工程师等工程师的专业分类。随着工程技术的进步和社会的发展，不断涌现新的工程师专业分类是必然的趋势（中国工程院，2008）。

按照工程或产品的生命周期原则、工程师的成长过程原则、学历层次原则和粗细适中原则，可以将我国工程师的类型划分为服务工程师、生产工程师、设计工程师和研发工程师四种类型（林健，2013）。

目前，在中国大多数国有企业和事业单位，工程师实行“专业技术职务聘任制”，简称“职称评定”制度；在部分工程技术行业（如建筑行业）实行“执业资格注册制度”；多数私营企业和外资、合资企业实行的是“技术职务聘任制度”。“职称评定”“执业资格注册制度”“技术职务聘任制度”都是适应现实需要的工程师等级制度，但各自产生于不同的背景，适应于不同的需要。“职称评定”制度对工程师职责、能力等级的划分，按照高、中、初三级分为助理工程师、工程师和高级工程师。

由于我国在工程师类型的划分上还缺乏权威的界定，企业界、行业协会、高等院校对工程师类型的理解认识存在差异，社会上甚至存在工程师称号被滥用的现象，这些问题给工程师的流动、聘任和学习带来很多困难，对办学主体办学层次类型以及课程体系建设造成很大影响。依据目前较为普遍认可的“职称评定”制度，本章的实证研究对企业工程师的职称信息进行了采样分析。

二　工程师的成长途径和阶段

（一）工程师的成长途径

由于工程领域覆盖面广、工程系统的复杂性和开放性，使得工程师的成长途径和成长规律存在很多不确定性因素，但是存在一定的普遍性，以高校工科专业的大学毕业生进入企业到成为一名工程师为例，总结现实中的培养途径，通常有以下三种途径。

途径之一：岗位培养（工科大学毕业/实习 1 年/助理工程师/岗位实践 4 年及以上/工程师）

途径之二：教育培养（工科大学毕业/实习期 1 年/助理工程师/全日制工程硕士/实习期 1 年/工程师）

途径之三：校企联合培养（工科大学毕业/实习期 1 年/助理工程师/在职工程硕士/实习期 1 年/工程师）

大学阶段的工程教育提供了系统的工程基础教育和基本的工程训练，只有通过大量的工程实践才能使这些工程人才成长为合格的工程师（林健，2013）。随着社会的发展，工程师的成长途径更加多样化，然而无论哪种成长途径，现场或非现场、短期或长期、学历的或非学历的继续工程教育都贯穿其中，学习和实践两个环节相互交织，共同发挥决定性作用。

（二）工程师的成长阶段

工程师的成长阶段对于个体而言不尽相同，但从整体上看，具有普遍规律，可以将工程师成长阶段加以划分。中国工程院关于高层次工程科技人才成长规律研究综合报告中的数据显示，我国工程师从大学毕业到成为高级工程师，要经历适应阶段、成长阶段、成熟阶段和成家阶段四个不断提高、相辅相成的阶段，整个时间跨度为20年左右（中国工程院，2007）。工程学科的复杂性、继承性、交叉性和实践性决定了工程师的成长需要较长的时间积累。

①适应阶段：从大学毕业到基本适应工作要求，成为一名基本合格的工程师，一般需要3～5年时间。学习以现场学习和岗位技能训练为主。

②成长阶段：大约持续5～8年的时间。这一阶段需要较为全面地学习并掌握本专业的专业知识和专业技能，能够独立解决工作中的实际问题，逐步具备多方面问题的协调处理能力。知识和技能的更新和提升是这一时期工程师学习重点。这一时期也是工程师稳定性最差的时期，很容易流动或跳槽。

③成熟阶段：大约持续8～10年的时间。这一阶段已经全面熟练掌握专业知识和专业技能，具备较强的应变处置能力和综合协调能力，工作上可以独当一面；在某一专业领域有丰富经验和深入研究，能够在关键问题上有所突破或对技术难题的解决进行指导，才华能力逐渐展现。领导力、创新能力和管理能力是学习的重点。这一时期工程师由于工作驾轻就熟，极易产生懈怠而停滞不前。

④成家阶段：大约在20年之后的时间。这一阶段具有系统全面技术理论知识和丰富深厚实践经验，能够创造性地解决大型工程技术难题，逐渐成为专业或行业技术带头人、重大科研项目或工程项目主持人。处于这一阶段中的高级工程师已经具备传、帮、带的能力，通过自身放大师承效应，培养和训练后备人才是重要职责。

工程师在职业生涯中通常需要不断学习和掌握包含技术知识在内的很多技能，同时大多数技能的发展和提高会贯穿工程师的一生，这些技能是一个工程师成功的根本，也是企业成功的根本（Patricia，1997）。因此，工程师的成长贯穿从接受高等教育开始直到工作结束的整个过程，而且工程师的成长是一个日积月累、循序渐进的过程，每个阶段的学习内容、训练的技能、接受的新知识和技术是变化多样、千差万别。本章的实证研究样本选择成长阶段和成熟阶段、年龄在35~45岁的工程师群体进行重点分析研究。

三　工程师的素质要求

工程师肩负着建设工程项目、解决复杂工程技术问题，发展工业生产的任务，需要有良好的职业道德、扎实的知识和综合的能力。这些思想、素质和能力的要求需要通过持续地学习和实践，逐步形成相对稳定的工程师基本素质。Mervyn（2010）将工程师的应具备的核心素质定义为技术素质、个人素质、职业素质和管理素质四大类，而且每一类素质的重要性随工程师个体、职位和经历的不同而有所变化。

①技术素质：数理逻辑思维能力，基础科学知识和专业知识，新知识和实践的学习能力。

②个人素质：学习的能力和意愿，认知和沟通能力，对国际工程惯例的认知。

③职业素质：高标准的要求，对个人和道德的认知，处理突发事件的能力，有效沟通的能力。

④管理素质：团队工作能力，管理理念和意识的认知，领导和管理人、财和技术资源的能力。

本章实证研究以本科、硕士和博士三个层次学历背景的工程师为样本，在借鉴工程师素质要求的基础上，选择哲学人文知识、专业知识及技能、管理知识及技能、职业素养、认知沟通能力五个方面的学习内容来研究工程师的学习需求。

四　工程师的使用与管理

提高素质水平和发挥人才效能是工程师成长两个同等重要的组成部分，在人才培养的基础上，实现人才资源的灵活流动和优化配置，通过对工程师进行合理使用和科学管理，才能充分发挥工程师的主观能动性，做到人尽其才、才尽其用。目前，我国工程师管理制度主要有以下三种。

①职业资格管理制度：工程师职业资格分为专业技术资格评定（职称评定）和执业资格认证（工程师注册）两种。专业技术资格评定适用于全部工程专业技术领域，工程师执业资格认证目前主要涉及与国计民生紧密相关的建筑、土木工程领域，有注册建筑师和注册结构工程师、注册勘察设计工程师等，执行更加严格规范的考评制度。

②专业技术职务聘任和岗位责任制度：企业根据自身工程或产品、技术、生产等因素，参照国务院《关于实行专业技术职务聘任制度的规定》，确定企业内部工程师职务的设置和岗位责任，包括职务名称、等级、专业资格、岗位职责、权利和义务、法律责任、相关待遇等。

③教育培训制度：1995 年人事部发布的《全国专业技术人员继续教育暂行规定》中，对专业技术人员参加继续教育的时间、经费和其他必要条件做出了规定。企业根据自身情况相应制定了适应企业发展需要的教育培训制度，一些大型国有企业的教育培训体系也相应建立。

工程师的教育培训和能力开发一般以企业为主体进行，以人事制度为核心的工程师管理制度是工程师能力开发得以实现的组织保障，以培养和提高能力水平的企业教育是其中的基本组成部分。本章实证研究将深入企业内部对企业教育展开调查研究。

第二节 企业工程师教育培训情况分析

一 样本选择及代表性

为了对我国企业中工程师教育培训状况以及工程师学习需求进行全面深入了解，获得较为丰富的第一手资料，本次研究选择电力行业中 8 家单位作为调研的样本企业，其中 3 家国有企业、2 家科研机构、2 家外商独资和 1 家中外合资企业，地理位置分别位于北京、成都、眉山、西安、厦门、无锡六个城市，涉及电力投资、建设和经营相关的科学研究、技术开发、电力生产调度等业务，从地域和业务范围来看，基本涵盖了我国电力行业的主要专业领域，调查研究的重点部门是企业的人力资源部门、教育培训机构，调查研究的重点对象是企业教育培训负责人以及在一线岗位工作的工程师。研究方法主要采用问卷调查、人物访谈和座谈等形式。

二 调研方案设计及实施

本次调研从方案设计到实施完成历时 1 年零 2 个月。在调研期间，人物访谈共涉及 24 人次，包括分管人力资源的企业领导 2 人，培训中心项目负责人和培训师 4 人，总工程师或副总工程师 2 人，不同岗位工程师 16 人（其中中层管理岗位工程师 4 人，班组长工程师 6 人，新入职工科毕业生 6 人），在访谈之前，与被访对象进行了联系沟通，在征得对方同意的前提下，实施了正式访谈。调研企业的人力资源部门对调查问卷所涉及的调查对象进行了核准，采用了方便抽样的办法集中发放调查问卷，现场填写，当场回收，经过仔细筛选，最终得到有效填写问卷 908 份。以企业工程师学习需求为重点内容，由三个部分组成的调研方案，在企业领导的支持和工程师的配合下，得到了有效实施，获得了一手数据和资料。

①人物访谈

根据访谈对象的不同，分别涉及企业员工教育的宏观、中观和微观层面，访谈重点内容包括企业发展概况和中长期目标、企业员工的教育制度和体系建设情况、工程师专业学习情况和满意程度、再学习对职位晋升和工资提高之间的关系等。访谈对象包括企业人力资源部门负责人、培训中心项目负责人和培训师。

②座谈会

参加者主要为生产一线的处于管理岗位的工程师、基层工程师。从各个角度谈了对企业教育安排的认识、对再学习的认识以及对职业规划的看法。探讨对企业文化的认同感、对企业教育培训的看法和建议，个人发展规划和企业发展规划的关系，再学习对职位晋升、薪金提高、工作满意度的作用。

③问卷调查

调查问卷结构分为三部分，共22题，题型包括填空题、单选题、多选题和量表题（附录B）。第一部分共4个填空题，测试工程师的性别、年龄、毕业院校、学历层次以及所学专业。第二部分包括2个填空题和3个单选题，测试工程师的工作年限、岗位、职称等级、职位等级以及所从事的工作与所学专业的相关程度。其中专业职称按初级、中级、高级、其他进行设置，职位等级按基层、中层、高层、其他进行设置。第三部分包括3个单选题、8个多选题和2个量表，测试工程师的学习需求情况，其中2个量表分别测试教育内容对职业影响程度以及办学条件对学习效果影响程度，被试用1~5的数字表达条目中所描述的知识/能力等学习内容或教学设备/师资水平等办学条件等对个人的影响程度，得分越高，表明影响程度越高。测试完毕后，经过计算统计，得出被试对学习内容以及办学条件的偏好和要求。样本统计特征见表4.1。

表 4.1　样本总体特征统计（N = 908）

		男		女	
性别	样本数	617		291	
	比例（%）	68		32	
年龄		25~34	35~44	45~54	其他
	样本数	508	245	100	55
	比例（%）	56	27	11	6
学历		学士	硕士	博士	其他
	样本数	400	218	18	272
	比例（%）	44	24	2	30
职称等级		初级	中级	高级	其他
	样本数	309	354	136	109
	比例（%）	34	39	15	12
职位等级		基层	中层	高层	其他
	样本数	527	163	36	182
	比例（%）	58	18	4	20

三　调研结果总体分析

调查问卷的总体统计结果显示，77% 的工程师认为所在企业提供的教育、进修机会，以及本人的自学能够满足其个人职业发展的需要，88% 的工程师认为参加工作后，所在企业组织的教育、进修活动对其职称、职位晋升有帮助，58% 的工程师认为在进修学习期间的工资水平不低于正常工作时的工资水平。对于以上三个问题的回答，男工程师与女工程师之间不存在显著差异。因此可以得出，无论是男工程师还是女工程师，对所在企业的教育制度和措施基本认同，企业与工程师对继续教育的战略意义和重要作用形成了基本共识，也就是教育培训能够造就适合企业生产运营的专业技能、能够激励工程师发挥主观能动性；开展教育培训是企业实施人才储备的重要措施、是企业实现长远发展的战略需要。

由于本书研究对象聚焦于接受过正规工科学校教育、学历为本科及以上、工作在生产一线的中青年工程师，以期准确掌握他们的学习需求规律和特性，所以进一步对有效样本进行目标筛选，选取年龄范围为 25 ~ 54 岁；教育背景为学士、硕士和博士；专业职称等级为初、中和高级；职务等级为初、中、高级的工程师样本。通过运用 IBM SPSS 19.0 软件对目标样本进行描述性和相关性统计分析，同时对人物访谈录音和笔记、资料进行整理归纳，最后采用定量和定性分析相结合的方法，得出企业工程师学习需求的特点并对这些特点进行深入探讨分析。

四　工程师在职学习需求实证分析

（一）学习愿望和动机

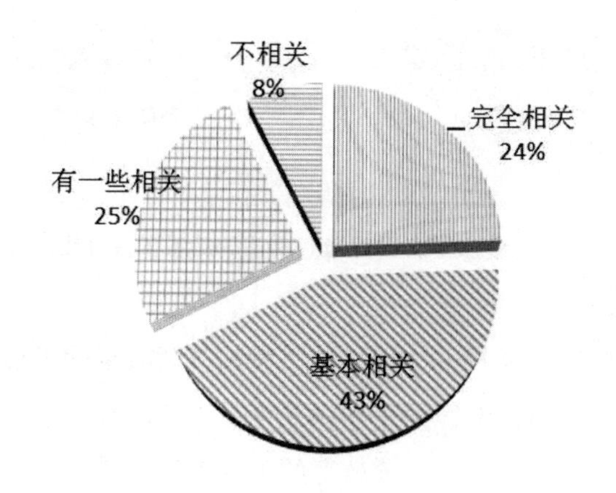

图 4.1　工程师所学专业与所从事工作相关性统计

为提升企业核心竞争力，打造现代化知识型企业，电力行业企业普遍形成了人才培养机制，建立了考核、培训、聘用、使用、奖励的管理体系，为企业员工的职业发展营造了良好的企业环境。企业工程师作为先进工程技术的代表、企业生产运营的骨干力量，学习愿望十分强烈、学习动机非常明确，希望通过短期职业培训提高职业技能水平，或者通过学历教育获取更高层次的文凭。在 908 个有效工程师样本中，接受过正规的高等工科教育的工程师占 70%，他们都有一定的专业技术背景，进入企业工作经过了层层面试和选拔。然而，目前在企业所从事的工作与所学的专业相关性差异十分显著，其中，完全相关的工程师百分比为24%，有一些相关和基本相关的工程师百分比为68%，完全不相关的工程师百分比为8%（图4.1）。从统计结果还可以看出，认为需要参加短期非学历职业培训来提升专业技能的工程师比例为81%，认为需要参加学历教育获取学位的工程师比例为60%（图4.2）。

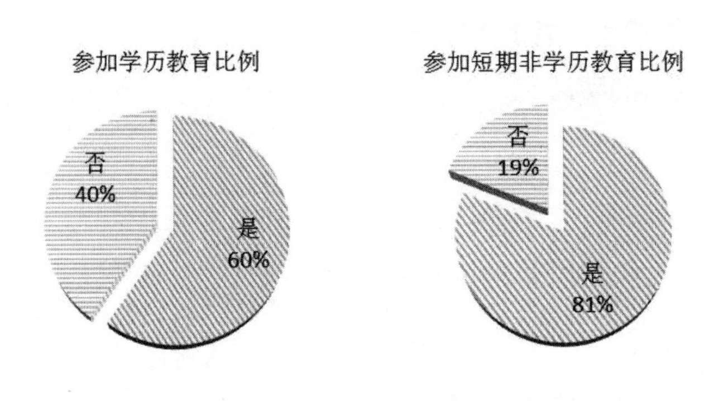

图4.2　参加学历教育和短期非学历教育百分比统计

美国继续工程教育家Klus（1974）以参加继续教育的工程师为研究对象进行的实证研究结果表明，工程师工作满意度、工资增长、职位提升与工程师参与继续教育之间正相关，参加继续教育的工程师工作满意度更高、工资增长更显著，工程师参与继续教育对个人职位提升有积极作用。本书的实证研究结果显示，继续教育与工程师职业发展正相关，此结果印证并且丰富了Klus的研究结论。这些研究成果表明，第一，虽然很难用经济指标或物质成果来量化接受继续工程教育给工程师所带来的经济收益，但是对继续工程教育能够产生教育收益的结论却不容质疑。工程师通过继续学习来提升职业素质和职业技能，可以得到更多的、更快的升级、升职机会，进而提高个人经济收入、改善家庭生活品质。第二，所接受的学校正规教育，远不足以帮助工程师理解或处理工作中出现的实际问题；高等工程教育的改革与继续工程教育的改革之间密切相关。李锋亮等（2011）的实证研究结果也指出，“在高等教育阶段专业知识的准备不足将显著提高工程师入职后发生过度教育的概率”。第三，随着科学技术的进步、产业结构调整的加快，行业企业的发展战略、生产模式和经营模式相应地加快发展步伐，对企业技术岗位的责任和能力要求也越来越高，工程师只有经过持续不断的专业学习和工作实践，才能实现从准专业或专业水平较低的职业新人到成为专业水平较高的职业高手的转变。

（二）学习计划和内容

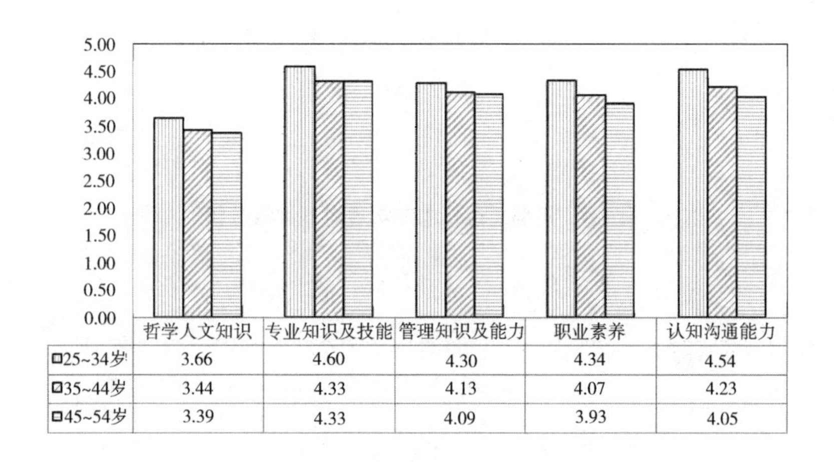

	哲学人文知识	专业知识及技能	管理知识及能力	职业素养	认知沟通能力
25~34岁	3.66	4.60	4.30	4.34	4.54
35~44岁	3.44	4.33	4.13	4.07	4.23
45~54岁	3.39	4.33	4.09	3.93	4.05

图 4.3　不同年龄样本的学习内容均值柱状图

所调研的样本企业广泛开展了针对工程师的、必修的、常规的、持续的教育培训，是企业教育体系中的基本组成部分，根据不同的岗位、职位有着相应的教育培训项目。然而，企业所安排的教育项目与工程师个人职业发展的学习愿望之间存在差异，同时不同年龄、学历、职位的工程师的学习计划和内容要求也呈现出差异化。以学习内容为例，三个年龄段的工程师样本从大到小依次在专业知识及技能、认知沟通能力、职业素养、管理知识及能力、哲学人文知识的学习内容有显著差异（图 4.3）、三种学历背景的工程师样本在专业知识及技能的学习内容有显著差异（图 4.4）、三个职称等级的工程师样本在认知沟通能力和职业素养的学习内容有显著差异（图 4.5）。

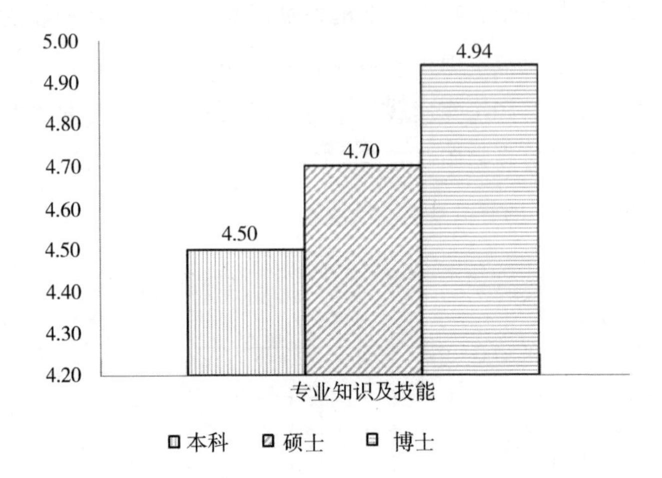

图 4.4 不同学历样本的学习内容均值柱状图

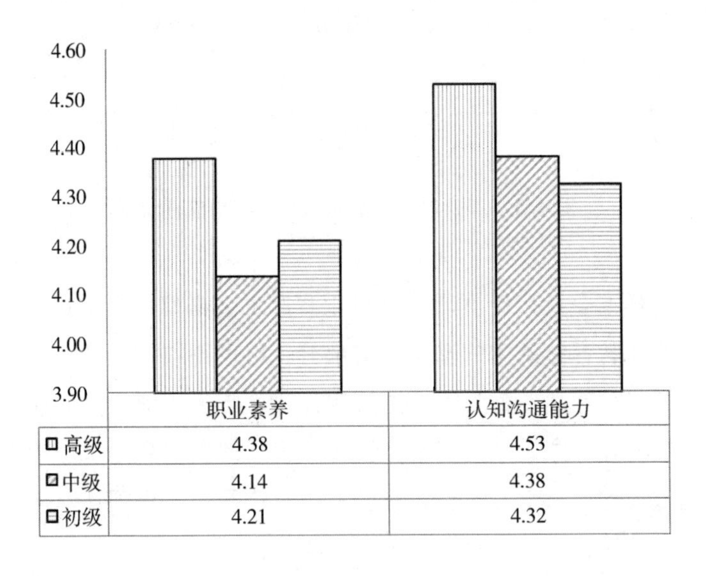

图 4.5 不同职称样本的学习内容均值柱状图

一直以来，世界各国的专家学者对工程师素质能力的构成以及发展变化做了很多的研究，建构了一些有价值的工程师素质能力模型。例如，工程师能力框架

(Brenda etl，2011)、工程师领导力模型（John etl，2009)，以及工程师特质四面体（Mervyn，2010)，对研究工程师的素质要求和能力构成具有重要参考价值。然而，不同年龄、不同教育背景、不同工作阅历的工程师的素质要求和能力构成也不同，他们的学习要求和内容千差万别，这些差异值得继续工程教育办学者关注。这是因为，第一，对于工程师的知识和能力的建构，尤其是专业知识和技能的建构，正规的大学教育无疑具有决定作用。“院校工程教育的重要作用是不言而喻的，使学生在完成学业时，初步具备成为工程师的基本素质和条件（余寿文等，2004)。”第二，在不同的成长阶段，或者不同的职业发展阶段，工程师所需具备的知识内容和技术水平是不断发展变化的，25～34 岁的年轻工程师以岗位适应和技能学习为主，35～44 岁中青年工程师以全面提升和创新能力培养为主，45～54 岁年长工程师已经具有了系统的专业知识和丰富的实践经验，他们更多的是起到传道、授业、解惑的作用。第三，工程师职业资格标准的设立和实施不仅限定了工程师的职业准入门槛，而且比较客观地反映了工程师的专业水平和等级，级别越高的工程师对认知沟通能力和职业素养的学习要求越高。

（三）学习方式和地点

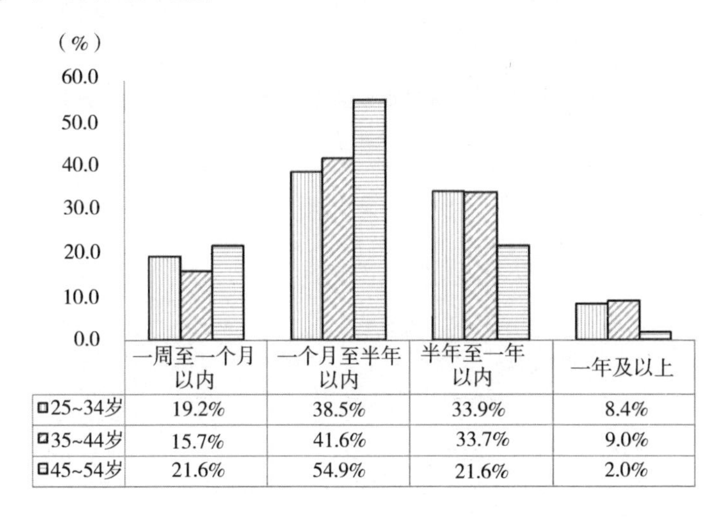

	一周至一个月以内	一个月至半年以内	半年至一年以内	一年及以上
25~34岁	19.2%	38.5%	33.9%	8.4%
35~44岁	15.7%	41.6%	33.7%	9.0%
45~54岁	21.6%	54.9%	21.6%	2.0%

图 4.6　不同年龄段样本的学习时间均值柱状图

工程师的学习经验、工作经历和生活阅历一般随着时间的推移而逐渐累积并且不断丰富，他们的学习活动明显表现出成人学习的特征，更加强调学习活动与个人经历的整合。在自我导向作用下，工程师希望根据个人已有的知识经验、工作安排和行为习惯，对学习方式、学习时间和学习地点做出选择，找到最适合自己的方案。因此，对于学习时间、学习方式和学习地点的选择，体现了工程师多样化、个性化的需求特征（图 4. 6、图 4. 7 和图 4. 8）。

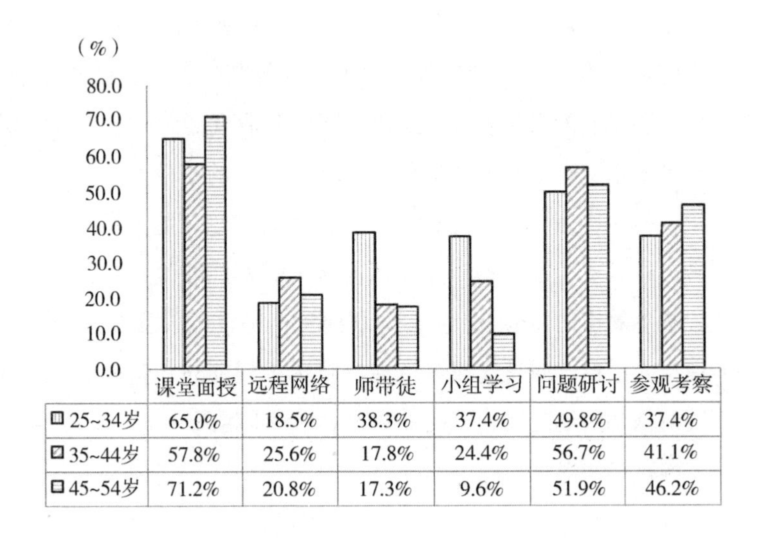

	课堂面授	远程网络	师带徒	小组学习	问题研讨	参观考察
25~34岁	65.0%	18.5%	38.3%	37.4%	49.8%	37.4%
35~44岁	57.8%	25.6%	17.8%	24.4%	56.7%	41.1%
45~54岁	71.2%	20.8%	17.3%	9.6%	51.9%	46.2%

图 4. 7　不同年龄段样本的学习方式均值柱状图

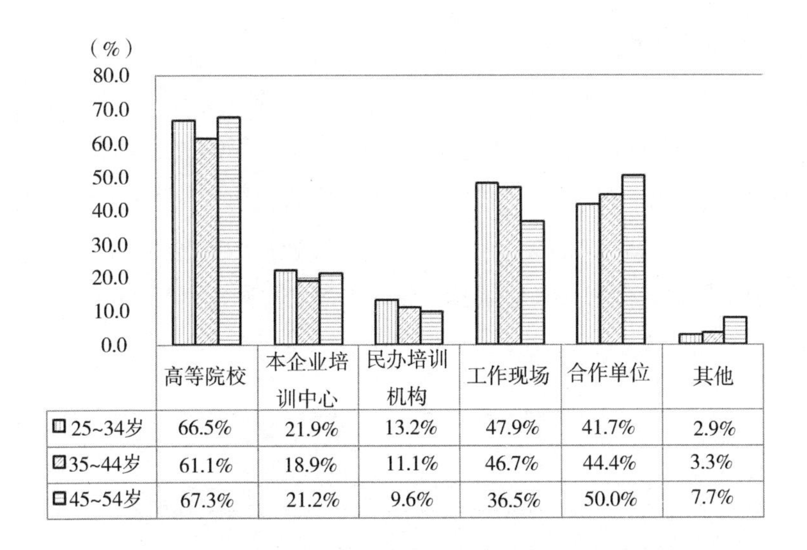

	高等院校	本企业培训中心	民办培训机构	工作现场	合作单位	其他
25~34岁	66.5%	21.9%	13.2%	47.9%	41.7%	2.9%
35~44岁	61.1%	18.9%	11.1%	46.7%	44.4%	3.3%
45~54岁	67.3%	21.2%	9.6%	36.5%	50.0%	7.7%

图 4.8　不同年龄段样本的学习地点均值柱状图

对于学习时间的选择，无论年轻工程师还是年长工程师，均倾向于一个月至半年以内的学习，工程师的学习时间以少于一年的中短期学习为主。对于学习方式的选择，课堂面授仍然是最受欢迎的教学方式。对于重新回归课堂，25～34 岁以及 45～54 岁年龄段的工程师具有更加浓厚兴趣；35～44 岁年龄段的工程师更倾向于问题研讨，这种讨论交流的学习方式对于开阔思路、活跃思维有积极作用。对于学习地点的选择，高等院校是各个年龄段工程师学习场所的首选，这是因为良好的学习环境以及优质的学习资源是高等院校的绝对优势。此外，工作现场的体验式学习得到年轻工程师的欢迎，这是因为身临真实的工作环境、接受实操训练、获得现场意识，是年轻工程师最高效的学习方式之一。企业实地调研结果还表明，电力行业企业普遍重视“师带徒”这种传统学习方式的推广和传承，它能够较好地缓解工学之间的矛盾，解决工程师需求与集中学习不匹配的问题，尤其对于新入职的大学毕业生熟悉实际工作环境、了解具体工作要求、积累岗位工作经验很有成效。此外，虽然网上学习能够克服时空限制、减少学习成本，实现随时随地学习，但是所调研企业的远程网络建设和运行还很不完善，网上学习尚未得到工程师的普遍认可，这可能与工程师工作岗位的性质、所在企业的网络使用情况以及所在行业的特点等因素有关。

（四）学习困难和成本

为了获得理想的学习效果，工程师参加学习，必须投入资金和时间，付出努力和劳动，还要克服可能遇到的各种困难，因此工程师的继续学习和培训是一个不断付出学习成本、克服诸多困难，同时不断收获知识和技能的过程。统计结果显示，电力行业企业的工程师参加学习培训存在很多困难。其中，选择时间成本的工程师比例为65%、选择工作压力的工程师比例为58%、选择费用承担的工程师比例为44%（图4.9）。

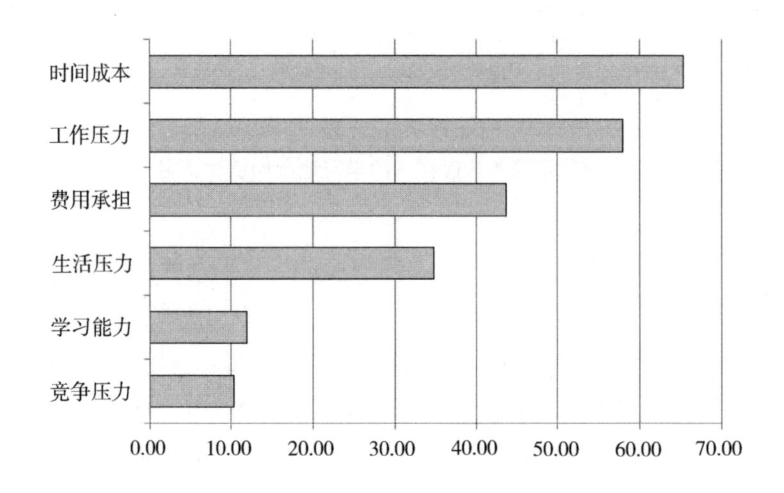

图4.9　工程师参加继续教育的主要困难排序

时间作为一种特殊的资源，不能存储、容易消逝；时间作为一种绝对没有弹性的供给，永远短缺、无法替代。在现代社会中，时间的价值作用越来越受到人们的重视，这是因为，第一，对于时间的合理分配和安排，工程师需要考虑和兼顾的因素很多。岗位聘任制是电力行业企业普遍采用的工作制度，在工作时间内，企业工程师岗位责任大、劳动强度高，同时他们一般拥有自己的家庭，对家庭的经济来源和生活安排负有重要责任。因此，除了在工作时间内安排的现场培训和集中学习之外，其他学习方式都要占用工程师的业余时间，他们需要平衡工作和家庭之间的关系，协调工作、学习和生活之间的矛盾，抽出一定的资金、时间和精力用在学习上是工程师要面对并解决的现实问题。第二，工程师的学习效率问题。成人的感知力、记忆力等智力因素随着年纪的增长呈现逐步下降的趋势，由于长时间不学习，工程师可能对学习缺乏足够的信心、比较容易产生学习惰性，从而造成在有限的时间里，工程师的学习效率较低、学习进度较慢。第三，办学机构的教学安排问题。由于办学者的培训项目针对性不强、教学方法单一、进度安排不紧凑等客观问题，使得工程师在宝贵的学习时间内，未能获得最佳的培训效果，从而造成时间浪费、参加学习的实际意义和价值降低。

五　工程师学习需求的直接诉求

在一年多的企业实地调研过程中，笔者还对企业工程师分别进行了一对一访谈和集体访谈。同时，“眼见为实，耳听为虚”，为了深入探究工程师的工作状况和学习情况，对生产一线工程师进行了连续追踪调查。在工程师工作现场、工作状态、学习情景得以自然显现的状态下，与工程师进行对话，平等地交流和互动，与对方共同建构对“学习需求”这一现实问题的认识，得到工程师的真实信息和真实感受。经过理解与反思，对具有普遍性的工程师学习诉求进行了归纳概括和问题反思。

①年轻工程师在学校学过的用不上，在企业要用的未学过

在企业中，不乏这样的现象，机械工程专业的大学毕业生，虽然在学校学了机械设计、制造工程、工程材料等很多课程，但是面对一个零件，画不快、算不准、造不出、装不上、拆不下等情况在企业并不少见。刚刚毕业的工科大学毕业生一般在企业不能迅速承担工作任务，更谈不上组织起一个较为简单的生产活动。虽然每个人的能力和努力程度不同，具体情况会有较大差异，但是在大学毕业生到工程师之间的过渡期间，“学过的用不上，要用的未学过”已经成为企业和刚刚毕业的大学生共同面对的现实问题。认真审视面临的工作环境和自身的本领，年轻的工程师“要学的很多，要训练的也很多”。在企业，动手能力强、解决实际问题能力强的优秀工程师十分短缺，如何缩短从大学生到工程师的过渡期已经成为一个需要关注的社会课题，也给继续工程教育办学者提出来更多更高的要求。

②企业工作离不开基层工程师，不能送出去培训

基层工程师通常工作在生产和技术服务的第一线，工作内容涉及安全生产、提高质量、节能降耗、技术革新等各个方面，在企业技术创新、实现科技成果转化中发挥重要力量，是企业的核心竞争力。他们一般担负着核心工种的重要工作，在班组作业中发挥主力军作用，普遍感觉到工作压力大、工作责任大、生产任务重。这样的工作状态使得工学矛盾十分突出，学习和工作不容易协调，组织学习培训比较困难。此外，工程师，尤其是高级工程师继续教育要求高、培训难度大、学习费用高。这些因素使得一些企业管理层顾虑重重，工程师的继续教育不仅要投入更多的人力和资金成本，而且还会影响生产、耽误工作，“工作离不开，不能送出去培训”成为冠冕堂皇的理由。因此，基层工程师的继续教育投入严重不足，接受学习培训的力度很低，学习时间得不到保障。

③企业安排的培训虽多但流于形式，精准、实用的项目较少

工程师培训涉及理论知识、专业技能和职业素养等多方面的内容，应该体现专业性要求高、技术含量高、教学效率高的特点，然而无论企业内训还是企业外培训，工程师培训项目虽然种类丰富、名目繁多，但是缺乏准确性、针对性和实用性强的精品项目。普遍存在这样的培训形式，培训开始领导讲讲话、培训期间抓抓考勤、培训结束简单考考试，而且在组织培训时存在“搭便车”现象，将政治、法律等知识学习作为专业课来安排。这样的培训往往流于形式，没有起到真正的教育效果，使得工程师对参加培训有抵触情绪，学习积极性不高；更为严重的是，送出去接受培训的人，或是领导指派，或是企业闲人，参加培训学习的人并不是企业真正需要培训的人才。因此，“培训项目不是太少而是太多”的问题值得企业和办学者反思，给企业工程师综合素质的提高以及继续工程教育办学质量的提高都提出了要求。

④一些企业为完成培训指标而组织培训

虽然很多行业企业对工程师继续教育重要作用有所认识，制定了一系列全员培训计划、岗位培训计划、年度培训计划，但是很多培训项目的实施是为了完成培训计划，或应付上级规定的指标，缺乏对培训项目的科学规划、有效监管和严格评估。参加学习的人真正学到了什么知识、掌握了哪些技能？这些知识技能能否运用到实际工作中去？学习者回到工作中能否起到传帮带的辐射作

用？学习效果如何反馈进而改进后续的培训项目？这些问题无人清楚、无人负责、无人监管。因此，“为培训而培训”的现象普遍存在，企业工程师继续教育还停留在简单投入的层面，仅仅局限于满足企业目前的生产需要，缺乏长远的企业工程师继续教育规划以及提高人才素质与发挥人才效能的有机结合。

第三节　工程师在职学习需求对继续工程教育办学的影响

通过对工程师现实状况和在职学习需求的全面深入分析可以看出，继续工程教育已经不是简单的、以工程师为教育对象的教育培训，而是一个具有广泛意义的、以工程师为中心的能力开发系统。这一系统不仅仅与高等教育内部有关，而且与企业、行业协会、政府以及其他社会组织有着广泛的联系。充分认识工程师在职学习特征，为工程师提供高质量的教育服务，形成“提高工程师能力水平”和“发挥工程师能力水平”相辅相成的管理机制和组织保障，才能真正体现工程师的个人价值、提高企业的经济价值、推动国家的科技进步，实现个人、企业和国家三方都获益的结果。

①继续工程教育办学的出发点：为工程师个人职业发展提供全方位的服务

Joseph（1978）借鉴马斯洛理论，在对工程师的学习需求进行研究的基础上，建构了针对工程师群体的需求层次理论。他提出，工程师的需求大多集中在两个较高层次上，也就是尊重需要和自我实现需要；继续工程教育办学者应该了解工程师的实际情况，重点关注工程师的尊重需求和自我实现需求。工作对于现代工程师而言，不仅仅是一种谋生的手段，更是自身价值得以实现的途径，在工作过程中，经历各种锻炼、体验各种困难，进而确立独立个性、发挥自身潜能；通过继续学习来获取新知识和新技能，提高职业能力和专业素质，实现从职场新手到行家里手的个人职业发展过程。因此，继续工程教育办学的出发点应该是为工程师个人职业发展提供全方位的服务。

以学习者为中心、满足工程师的学习需求是继续工程教育的基本办学思想。工程师学习需求的多样化、个性化决定了继续工程教育办学的多元化，工程师学习的终身性和阶段性决定了继续工程教育服务的延续性、扩展性。因此，继续工程教育办学者不仅要将工程师作为学习者看待，更要作为客户来对待，不仅要研究他们的学习需求、考虑他们学习的便利性，而且要树立服务意识、加强双方的沟通交流。继续工程教育办学者要将服务理念贯穿于整个教育培训过程中，通过高质量的教学和优质的服务，维持老客户、吸引新客户；通过业务流程的整合和教育资源的优化，降低运营成本、提高管理效率。办学者不仅要提供知识的传授和技能的培训，而且要创品牌、树形象，满足工程师在自我实现和社会尊重等高层次的需求，培育积极进取的人生价值观，营造健康向上的生活方式；建立工程师俱乐部，开展增值服务和终身服务，使之成为工程师群体的学习圈、交友圈和生活圈，成为工程师群体学习休闲的平台和沟通交流的驿站。

②继续工程教育办学的驱动：工程师所在企业的激励机制

工程师个体一般隶属于具体的行业企业，有正规的组织基础，工程师与企业之间相互依存，企业发展能够为工程师发展提供良好条件，工程师个人发展能够有效促进企业发展。此外，工程师根据职业背景和专业情况，可以加入特定的行业协会或专业学会，这些协会或学会大多属于公益性社会中介组织，能够协调工程师与企业之间的关系、维护工程师的合法权益、为企业和工程师提供专业服务和咨询。工程师所在的行业企业不仅能够实现工程师的合理分配、有效使用和灵活流动，而且能够促进工程师积极努力地通过继续学习来提高自身素质和能力。行业企业不仅是继续工程教育的人才需求主体，而且是有效实施办学的重要力量。因此，只有企业建立工程师激励机制，才能更好促进继续工程教育的发展。

目前，关于继续工程教育对工程师职业发展、对企业战略实施和长远发展的重大意义，得到了国内重点行业和重点建设领域内大中型企业的广泛认同，而且这些企业中的工程师绝大多数都有参加继续学习的经历。依据绩效管理、素质模型和任职体系而形成的教育培训体系，在大中型国有企业中纷纷建立起来，企业大学作为一种新型的企业员工教育培训模式发展迅速，它由企业出资并独立运行，能够培养企业需要的合适人才、推动企业战略实施。企业教育在快速发展的同时，企业大学的办学质量和师资水平有待提高、网上学习平台建设有待完善、培训内容的先进性和准确性有待加强。此外，由于小微企业和民营企业普遍规模小、资金紧张，工程师数量少、引进高素质人才的能力弱、人员流动性较大，企业继续教育困难重重，所以这些企业的工程师普遍存在一岗多责、身兼数职的现象，他们参加学习培训主要依靠行业协会和民营培训机构。因此，应该针对小微企业和民营企业中工程师的实际情况，出台相应的扶持政策、建立组织动员机制，帮助他们解决学习困难、获得学习机会、提升自身素质和能力，进而提高这些企业的核心竞争力。

③继续工程教育办学内容的重要依据：工程师的管理制度

随着社会的发展和科技的进步，对担负产品生产和工程建设的工程师所具备的专业素质和专业技能要求越来越高，工程师执业的专业性和垄断性也越来越强，使得工程师这一职业具备了不可替代的性质。严格规范的工程师管理制度是工程师职业存在的前提，对各级各类工程师的责任和义务的明确规定可以保证工程师职业群体的整体水平和质量，可以提高工程师的收入水平以及社会对工程师职业的认同和尊重。这些管理制度也促使工程师主动参加学习培训，努力获得必备的从业资格，权威性和标准化的“从业资格”和“执业资格”的考评制度是检验工程师学习培训效果的主要措施。因此，工程师的管理制度是继续工程教育办学内容的重要依据。

近年来，继续工程教育市场活跃，办学机构势头迅猛，办学规模扩大，培训数量猛增，但是由于缺乏规范的办学标准，办学机构鱼龙混杂、办学质量良莠不齐，继续工程教育陷入“含金量低”“学而无用”的尴尬境地，影响并制约了继续工程教育的健康发展。工程师管理制度、特别是工程师职业资格认证制度与继续工程教育办学之间存在必然的内在联系，形成“从业资格”和“执业资格”的考评制度与继续工程教育的办学活动之间的互动，才能实现工程师培养、考核和使用的良性循环。工程师管理制度中关于工程师参加学习的科目、学分、学时的具体规定，是继续工程教育办学机构进行教学和实训内容设计安排、课程体系建设规划的重要参考和决策依据，进而形成规范的继续工程教育办学标准。继续工程教育办学标准化建设的核心是培养培训各级各类的合格工程师，并以此对办学机构的活动行为进行约束和规范、促使办学机构完善内部管理、提供办学质量。

④继续工程教育办学的源泉：工程师的教育培训经费

个人、企业和政府按比例合理分担教育成本是工程师的教育培训经费的主要分配原则。政府财政投入主要集中于国家继续教育公共服务平台建设和国家专业技术人才培养工程；企业按照2006年颁布的《关于企业职工教育经费提取与使用管理的意见》的相关规定提取企业职工教育经费，按照1.5%～2.5%员工工资总额的比例提取，同时针对企业员工学历教育的费用，不同企业规定了不同的报销比例，一般原则上鼓励员工学用结合、获取学位；工程师个人参加学习培训的自觉意识越来越强，用于继续学习的费用不断增加。由于继续工程教育办学的前期实训设备投入大、办学入行门槛高、专业技术性强、维护运行成本高，充足的资金以及人力和物力资源是继续工程教育办学机构生存发展的根本条件。因此，工程师的教育培训经费是继续工程教育办学的源泉。

一直以来，虽然我国教育财政总体投入逐年增长，但是继续工程教育能够获得的国家财政投入非常有限，广泛吸纳社会资金，拓展筹融资渠道，积极鼓励社会力量参与继续工程教育办学，逐步形成继续工程教育经费的多方投入机制，是解决继续工程教育资金困难的有效途径。此外，由于涉及面广、运作复杂是开展继续工程教育办学活动的特点，教育资源的合理利用和有效共享能够在一定程度上缓解资金短缺的压力。继续工程教育办学者如果搞“大而全”、盲目追求规模和数量，容易造成教育资源的严重浪费，因此一方面办学者应该“有所为，有所不为”，树立优势培训项目、形成自己的办学特色，有效降低办学成本、提高办学效益，另一方面政府应该发挥统筹协调作用，整合优质教育资源，建立共享机制，实现工程师学分互换互认、构建互联互通的继续教育“立交桥”。

第四节　本章小结

继续工程教育的办学对象是工程师群体，工程师的在职学习需求是由工程师自身的现实状况决定的，对于工程师工作状况和学习需求的研究应该摆在继续工程教育办学者开展办学活动的首要位置。所以本章从工程师状况出发阐述工程师学习需求形成的社会背景，通过企业工程师在职学习需求的实证研究分析得出工程师在职学习需求特性，进而提出工程师学习需求对继续工程教育办学的影响。

工程师状况是在特定的经济、政治和文化环境背景下显现出来的工程师素质、类型、成长过程、制度管理的实际情况，从工程师状况可以探寻形成工程师学习需求的历史背景和社会渊源。选取电力行业数家企业的工程师进行实地调研，通过定量和定性研究相结合的方法，力求全面掌握工程师的学习规律，准确获取工程师在学习愿望、学习内容、学习方式等方面的学习需求特性，切实反映工程师的实际学习诉求。在此基础上，探讨工程师与继续工程教育之间的关系以及对办学的影响作用，唤起继续工程教育办学者更多地关注办学需求的调查研究。

研究发现，国内对工程师学习需求的研究偏少，特别是实证研究比较薄弱，通过工程师学习需求的定性和定量研究以期起到抛砖引玉的作用。工程师的生存状况、素质提升和职业发展与工程师个人、企业发展和国家经济建设密切相关，工程师的社会价值、制度管理、终身学习等相关问题应该引起更多的专家学者关注和研究。

第五章

我国继续工程教育多元主体办学现状分析

继续工程教育各个办学主体办学现状的深入了解和准确分析是建立继续工程教育多元化办学体制的基础。从计划经济到市场经济的转变过程中，我国继续工程教育办学形式呈现出日渐丰富、灵活多样并且数量和规模不断扩大的发展态势，逐步构成了以企业、高校、政府、专业协会和社会力量等为主体的多元办学格局。在对多元主体办学进行深入调查研究，总结探讨不同主体的办学类型、办学特点，揭示其存在的主要问题，将为建立多元化办学主体协同办学机制提供重要的现实依据，进而推进继续工程教育的多元化办学体制改革。

第一节　调研方案设计与实施

为了对我国继续工程教育办学主体的办学实际情况以及存在问题进行全面深入的了解，本次研究选择清华大学、华北电力大学和北京工商大学三所高校、宝钢集团公司人才开发研究院和国家电网技术学院成都分院两家企业大学、中国机械工程学会和中国电工技术学会两个专业学会、工信部人才交流中心、东大正保科技有限公司和惠众教育研究院两家民营培训机构作为调研对象。从继续工程教育的办学范围看，基本涵盖了继续工程教育的多元主体，能够客观反映目前我国继续工程教育的办学现状。在调研对象以及相关部门的支持下，通过主要办学负责人访谈、办学条件和设施的实地参观、具体办学项目的跟踪了解，获得了丰富翔实的一手资料和信息。

对主要办学负责人的访谈是继续工程教育办学现状调研的重要内容，在访谈前制定了访谈计划和访谈提纲，并与被访者进行电话预约、协商访谈的时间、地点和内容，在征得对方同意的前提下，根据被访者的不同情况确定了具体日程时间安排和访谈内容（附录 A）；按照访谈规则实施了 12 人次的访谈，访谈经被访者同意，采用笔录和录音方式进行记录，访谈时间基本控制在 2 小时之内，确保访谈的信度；访谈之后及时进行了手头记录和录音记录的整理和访谈结果的分析，对有些信息不足的问题还进行了后续访谈或电话回访。总体上看，由于采访者和被访者在访谈目的、范围和内容上的一致性，以及对继续工程教育办学问题的共同关注，访谈取得了预期的效果。

本研究围绕继续工程教育办学形式、办学特点、存在问题三个维度展开，人物访谈、实地参观和项目跟踪都在此基础上进行。从 2010 年 10 月，笔者首先在清华大学的相关继续教育办学机构进行了调研，征询了相关老师对调研内容和方式的感受和建议，据此，笔者改进了调研方式，调整了调研内容。历经 3 年多的时间，对上述继续工程教育多元主体开展了深入细致的调研活动，同时结合继续工程教育办学的文献资料，形成对我国继续工程教育办学情况的全面了解和初步认识，完成相关访谈记录（附录 C）、典型案例和调研报告(附录 D)。

第二节 企业办学现状分析

工业企业不仅是继续工程教育的人才需求主体，而且也是继续工程教育的办学主体。在工业生产中，科学技术的实现者—工程师、技术工人，他们的知识和技能水平决定了企业、产业乃至一个国家科学技术水平，对国家经济发展水平有重要影响。因此，人才是企业的核心竞争力，而人才的培养要依靠持续的教育和培训。越来越多的企业在建立现代企业管理制度过程中，不断完善工程师教育和使用一体化的运行机制，使企业继续工程教育更加直接有效地服务于企业工程师素质的提升、企业管理水平的提高以及企业经济效益的提高。企业办学一般面向本企业员工，以在岗和脱产的短期非学历教育为主。“要推动我国大型企业、企业集团建立自己的继续教育系统，并与大学进行合作（张宪宏，

1989)”。面对知识经济时代的挑战，企业办学趋势越来越强劲、规模越来越大，办学质量和办学效益不断提高。

一 企业办学形式整体描述

企业设立继续教育机构开展企业继续教育，如企业职工大学、技校、培训中心等。“企业继续教育是为提高企业内在职专业技术人员和经营管理人员的政治、文化、科学技术水平和经营管理水平而实施的教育（陈邦峰，2002)。”企业继续教育一般按照不对外、不盈利、不收费的原则实施办学。继续工程教育是企业继续教育的重要组成部分，相应的办学机构主要有以下四类。

①技能培训（实训）基地

技能培训基地是企业技术和技能人才培训开发、新技术和新技能推广的基地或示范中心，一般拥有与企业主营业务密切相关的、设施先进、门类齐全的实训室（场)，或仿真培训场所和模拟培训场所，以及相应的主要来自企业一线的高级技术和技能人员做培训师，能够满足企业内部主要生产岗位（工种）技术人员和技能人员培训的需要，为企业技术和技能人才、青年人才培养和软实力建设提供服务保障与智力支持。

②管理培训（研修）中心

管理培训中心是企业进行专业管理人员培训的办学机构，主要进行国家形势政策、企业发展、企业经营、管理能力等通用经营管理方面培训项目的开展和开发工作，以提升领导力、执行力为重点，为企业培养高素质、复合型、国际化专业管理人才。主要办学形式有专题授课、课程研修、案例研讨等等，企业学员带来工作中的问题、最佳实践案例以及培训需求与专家学者一起研讨。教师主要由来自高校、企业管理部门的专家和领导组成。

③研究生工作站

研究生工作站是由企业申请设立、出资建设的集人才培养和技术研发为一体的办学机构，是企业与高校优势互补、资源共享、利益共享的研究生培养新体系。工作站一般实行双导师制，进站研究生有校内和校外两位导师，校内导师主要负责理论教学和论文答辩，校外导师主要负责实习和实践。研究生工作站建设是继续工程教育校企合作的新平台，为企业工程师提供了与工作结合密切、能够获得学历的教育机会，也有利于知识转化和成果创新。目前企业研究生工作站建设主要侧重于电子信息、生物医药、新材料、高科技农业等高新技术产业和国家支柱产业领域，以及新能源、可再生能源与节能环保等可持续发展领域。

④网络教育中心

网络教育中心通过网络平台，面向企业全体职工开展数字化学习培训和学习服务。网络教育有别于传统面授，以音频或视频的形式提供个人素质、管理技能、专业课程、组织文化等方面的课程资源，通过网络技术设置学习咨询、体验、资料库等功能建立开放的、数字化学习环境，有效降低企业组织学习成本、学习环境成本和课程开发成本，弥补企业传统培训的不足。企业网络教育需要整合企业、专业网络技术公司、高等院校等多方力量才能充分发挥在线学习的优势，实现员工的自主学习，形成良好的培训效果，真正转化为员工绩效。目前，企业网络教育在高新技术企业、信息通讯企业呈现良好发展势头。

二　企业办学的特点分析

在中国继续工程教育的发展过程中，企业始终是继续工程教育办学的积极倡导者和实践者，在计划经济体制时期以及向市场经济体制转变过程中，企业继续工程教育活动都十分活跃，涉及行业多、培训数量大、覆盖面广，并形成了以下办学特点。

①企业投资，专款专用

企业自主办学，依照国家规定，按职工工资总额1.5%～2.5%提取职工教育经费，继续工程教育经费包含其中。除了重大专门项目教育拨款外，政府一般对企业继续工程教育没有拨款，经费一般纳入年度预算管理，按照企业年度教育培训计划批准审核、按规定使用。企业继续工程教育由人力资源部归口管理，办学机构督导实施，职能部门组织开展，基层单位具体实施。随着教师课酬、实训场地管理维护费用、教育后勤服务费用等教育成本的提高，企业普遍认识到2.5%提取教育经费的比例偏低，应该适当提高教育经费的提取比例，同时开辟更多的经费渠道、加强对职工教育经费的管理和监督，以缓解教育经费短期的局面。

②企业需要，创新发展

企业办学是为了满足企业生产经营和技术创新的需要，有计划、有组织地对工程师实施教育培训。企业办学的根本目的，不在于满足工程师个人的专业发展，而在于工程师的专业知识更新补充和技能的训练要有利于企业整体的技术进步和整体实力提高。企业继续工程教育以企业战略发展为导向，与企业开发新技术、新产品、新工艺、新材料、新设备相结合进行。通过企业继续工程教育活动，不断提高工程师的素质和技能，进而促进企业经济效益的不断提高。因此，企业继续工程教育体现了企业的本质和特征。

③体系完备，方式多样

企业办学一般具有较完备的教育培训体系，以岗位、工种划分为基础，以任职体系、绩效管理为依据，有计划、有组织实施。由于初级、中级、高级工程师承担的任务不同，需求不同；年龄、岗位和工种的不同，需求也不同；因此培训的内容、要求、途径和方式也不尽相同，办学方式主要包括集中培训、现场培训、网络培训、师带徒、技术技能比赛、外派学习等。

④学用结合，精练及时

企业产品更新换代周期的缩短、技术进步的加快，促使企业办学活动必须能够及时将最新科技成果介绍给工程师，将新知识、新理论传授给工程师，使工程师所学的知识、所掌握的技能能够尽快用于工作实践，并转化为生产力，以适应企业生产的发展变化。因此，教学内容“新”而“难”；信息高度精练，训练高度强化；一般要由技术水平高的专家、技师承担这些难度较大的课程和实训，而且对技能训练的设备和场地也有较高的要求。

三　企业办学的问题分析

目前，大多数企业对工程师继续教育的重要作用达成了较一致的认识，一些企业建立了较完善的企业办学体制和运行机制，继续工程教育的课程体系建设、教材编写、教育技术手段运用的初见成效。然而，企业办学也存在一些问题，主要包括以下几个方面：

①企业继续工程教育发展不平衡，办学质量有待提高

随着知识经济和终身学习的发展，越来越多的企业认识到继续工程教育的

重要性，但是企业继续工程教育发展很不平衡，东部沿海地区企业好于中西部地区企业、大型国有企业好于中小型企业、电力石化等能源企业好于机械加工等制造型企业、高新技术企业好于传统企业。从发展历史来看，军工、石化、电力、信息等行业企业开展继续工程教育较早、起点高、办学效果较好。此外，从计划经济向市场经济转变过程中，企业经历了体制改革、结构调整、行业重组等重大变化，企业继续工程教育出现波折、甚至中断停滞。这些因素影响了企业继续工程教育整体办学质量的提高，办学体制、运行机制有待完善，深层次的理论思考和创新研究有待开展。

②中小企业继续工程教育存在诸多困难

对中小型企业而言，虽然继续工程教育具有与大型企业同等重要作用，但是由于企业规模小、资金少、政策支持不足，公共技术培训平台和服务体系尚不完善，中介组织和风险投资的作用尚未得到发挥，使得中小企业的技术人员很少有或者根本没有参加继续工程教育的机会，这些问题阻碍了中小企业及其技术人员的发展，造成中小企业技术人员流失、严重缺乏的现象。如此恶性循环，使得中小企业对技术人才的教育投入缺乏信心，难以持续提升技术人才的技术水平，缺乏优势产品而失去市场竞争力。

③一线技术骨干工程师接受继续教育存在波动

一方面，由于实行岗位责任制，一线工程师承担的生产任务重、岗位责任大、工作强度高，为了使工作不受影响，企业领导对这些工程师的脱产学习持保留态度；另一方面，由于在工作压力、工资收入、社会地位、受尊重程度等方面的差异，不少一线工程师在学习之后，通过了考试或获得了学历证书，更愿意从事企业管理、公务员等其他职业，转岗、流失现象比较严重，造成企业一线优秀高技术、技能人员数量的不稳定、甚至出现人才断档。而企业管理干部工作相对容易调节、培训组织相对简单，所以管理干部培训多于技术干部培训、中层技术人员培训多于基层技术人员培训的现象比较普遍。

④开展现代化教育培训方式的动力不足

E－Learning 作为一种新的培训方式，能够满足企业员工多样化、自主学习的需要，同时能够降低企业继续教育的成本投入，减少组织学习培训的中间环节，保证员工的学习效果，数字化培训已经开始纳入现代企业继续教育的办学规划中，但是由于企业内部资源有限，网络建设技术力量不足，致使企业网络运营处于低效状态，网络资源没有得到有效整合。数字化培训在企业流于形式，企业网络没有给员工学习带来便利，使得企业员工对网上学习的积极性不高。

第三节　高校办学现状分析

继续工程教育是高等工科院校人才培养体系的重要组成部分，是高校实现人培养、科学研究和社会服务功能的重要途径，是高校担负社会责任、服务国家人才战略的重要体现。大多数高等工科院校确立了既有学历教育、又有非学历教育的办学体制，形成了多种形式的管理运行机制；这些学校积极面向地方区域、行业企业、科研院所，不断创新培训项目，提高人才培养质量，培育了一批精品培训项目；利用现代信息技术，构建了远程继续教育办学与服务体系。“继续工程教育是我国高等教育的重要组成部分，是现代工科大学实行开放型办学的一个重要特征（路甬祥等，2012）。”2011 年 5 月，“高等学校继续教育示范基地建设”项目正式启动，其中“面向行业的高等学校继续教育示范基地建设”是重点子项目之一，中国石油大学、北京邮电大学、北京交通大学等 6 所行业院校在引导企业需求、校企战略合作、数字化学习、优质资源共享等方面进行改革创新，力争赢得高校办学发展的新优势。

一　高校办学形式整体描述

以工科类高等院校为办学主体的办学机构有继续教育学院、工科院系、远程教育机构和校办企业等。通过学校所设立的这些办学机构，结合本校的专业设置、面向社会开设各种培训班，或接受企业的委托、定向为企业开展培训，以收取学费的方式开展继续工程教育。

①继续教育学院

继续教育学院是工科院校专门开展非学历继续工程教育的主体。目前，我国高校中继续教育学院的管理体制主要有两种形式，一种为继续教育学院既是管理主体又是办学实体的一级管理体制，例如北京交通大学远程与继续教育学院、北京理工大学继续教育学院；另一种为继续教育学院是大学领导与监管下的二级学院的二级管理体制，学校设置有继续教育管理部处，继续教育学院是专门开展非学历教育的实体运作单位。例如清华大学继续教育学院、浙江大学继续教育学院。

②工科院系

工科院系依托相关专业或学科优势，利用先进的实验和科研环境和完备的师资队伍，开展学历和非学历继续工程教育办学活动。学历教育是院系常规工作的组成部分，有非全日制工程硕士、工程博士。工程硕士和工程博士教育相继伴随着国家经济建设、科技进步和社会发展对高层次工程人才的需求而发展起来，是产学研合作的重要形式，生源主要是来自工业企业的在职工程师，学习费用实行学校、企业、个人共同分担的办法。非学历教育有短期培训以及教师受聘到企业讲课，主要根据企业需求而举办，采用接受学校管理、院系自主办学模式，学习经费由企业负担，办学运营成本较高。

③远程教育学习中心

高校远程教育或网络教育是以现代信息技术、网络技术为支撑，面向所有社会成员，学历教育与非学历教育并重，立体覆盖全国的办学系统。清华大学、北京邮电大学等重点高校依托工科院校优势，建立了遍布全国的远程教育校外学习中心，其中，企业学习中心是依托特定大中型企业，面向和服务于特定企业员工，帮助员工提高技能或提升学历的开放性学习中心。例如，TCL 集团学习中心作为国家开放大学在大型企业建立的唯一直属教学点，是远程教育校企合作的典范。在政府对远程教育投入相对稳定的前提下，学费是远程教育成本补偿的主要来源。

④高校科技园

在政府的大力扶持和支持下，很多高校创建了大学科技园，成为高校服务社会的重要平台，为高新企业的技术研发、科技成果的转化提供发展空间。同时，为小微企业创业孵化、创新人才培育提供配套服务，主要以技术沙龙、创新研讨会、创业营等形式开展科技创业领军人才的培育，进而发掘并推动科技创新创业项目，培育创新型小微企业。

二 高校办学的特点分析

高校在长期发展过程中形成了独特的校园文化和精神气质，使得高校的教育培训有着较高的知名度和美誉度；工科院校在我国继续工程教育发展进程中始终处于重要地位，在创新实践和理论探索方面发挥着积极作用。学历教育稳步发展，非学历教育规模显著、效果良好。

①学校管理，自负盈亏

工科院校沿袭了所依托高校的管理思路和模式，继续教育管理部门负责办学机构的行政管理、审批立项、统筹规划以及各类证书的颁发。办学机构的办学成本进行独立核算，实行自负盈亏。学校一般采取两种经费管理方式，保证教育培训对学校的经济贡献。一种是学校提取一定比例的培训收入管理费，其余部分作为办学机构的运营资金；另一种是学校采用目标责任制，下达每年上交学校的收入指标。学校非学历教育培训的经费管理制度以及收入分配机制与学校办学秩序规范、学校经济利益保障、施教机构办学积极性和活力密切相关。

②依托院系，资源丰富

高校用于维持高等教育活动正常运行的各类资源的总和，构成高校教育资源，它不仅包括人力、物力、财力等有形资源，而且包括办学理念、校园文化、管理制度等无形资源，具有稀缺性，以及品质高、数量大等特点，特别是在基础学科和理论学科方面优势明显，科学研究环境条件优越、科学技术信息数据密集，能够有效地服务于学历教育。依托所在高校工科专业优势，开展短期非学历教育培训，将优质教育资源加以整合、再利用，服务于社会，不仅提高了优质教育资源的利用率，而且使高校获得了较高的社会声誉和经济效益。

③办学项目，精品优质

完备的课程体系、高质量的师资队伍以及严格的教学管理是办学质量的重要保障。高校继续教育办学延续了正规教育的办学模式，兼顾了成人学习的特点，注重培训项目的研发，对培训项目的方案设计、课程设置以及教学内容安排进行严格的审核，由理论水平高、教学经验丰富的教师承担教学培训工作，由教学督导对整个教学过程进行巡视和督查，最后学校对学员的学习考评和证书颁发实行规范管理。所以通过培训项目开发和规范管理，高校形成了一批与学科优势相匹配的精品培训项目，塑造了高品质的培训口碑。

④引领发展，在线教育

高校远程教育经历了函授教育、广播电视教育到以信息和网络技术为基础的现代远程教育的发展历程。远程教育已经成为高校发展成人学历教育和非学历教育的主要形式，成为高等教育的发展趋势，已经初步形成了由现代远程教育试点高校以及校外学习中心组成的现代远程教育办学体系和以网络精品课程为核心的数字化学习资源中心。在线学历教育包括高职高专和本科教育，在线非学历教育以职业资格认证为主。就学科而言，远程教育在人文、管理和计算机、电子等专业领域取得了较好的教学效果，但是对于一些理论抽象、实践性强的理工科专业，在线教育方式尚在探索中。

三　高校办学的问题分析

日趋激烈的继续教育市场竞争、多元办学主体的纷纷崛起，高校继续教育的优势逐渐减弱，学习型社会建设发展和国家人才战略实施的紧迫性迫使高校继续教育尽快转型。转型与重构是高校继续教育实现可持续发展的必然选择，只有认清自身存在的现实问题，才能促进继续教育的转型与重构。

①高校地理位置的局限性

大学所占位置、建筑场所反映了城市规划部门和学校教育规划的目的和要求，对于接受高等教育、长期住宿的大学生很有利、很方便。对于在职的、利用业余时间、脱产或半脱产学习的工程师而言，在时间、住宿、交通等方面具有局限性，同时对于工程师所在企业而言，集中组织一批生产一线的工程师到学校学习一段时间，也存在很多顾虑和现实问题。因此除了北京、上海等地理位置优越、高水平的工科大学外，其他工科院校大多服务于地方企业，开展一些零散的、临时性的短期企业内训，办学规模有限、办学效益较低。

②继续工程教育地位的边缘化

随着高等教育改革的不断深入，很多高校制定了学校发展战略目标并得到了稳步实施，但是关于继续教育在学校发展中的定位问题、继续工程教育的管理体制问题和发展规划问题，除了清华大学、浙江大学等少数工科院校外，很多高校尚未进行系统研究和规划。继续工程教育更多地被定位为，是工科院校服务社会的一种形式，是正规学历教育的一种补充，能够增加学校、院系的财政收入。因此，培训项目的设计和课程的安排，首先考虑到要保障学历教育教学的正常进行、授课教师的正常教学和科研的安排，而不是根据接受培训的工程师的实际情况进行设计安排；参与继续教育授课的教师的工作量不予承认；很多工科院系负责培训的老师本职有教学或管理任务，兼职负责短期培训和在职教育，而且这部分工作量与职称、职位的晋升评价无关。

③市场应对能力较弱

高校对继续工程教育、终身教育的重要作用普遍认识不足、缺乏对继续工程教育办学的特点和规律、学习者需求特性的调查研究；高校往往把继续工程教育办成学历教育，即使是非学历的继续工程教育教育，也是套用学历教育的课程设置、教学方式；继续教育管理干部大都从事正规教育，对工程师的工作状况和学习需求不够熟悉，市场开拓能力较弱；开展继续工程教育办学活动以接受企业的委托培训或通过代理招生为主。面对竞争激烈、不断变化的培训市场，由于缺乏应对市场需求的前瞻性、缺少适应市场变化的灵活性等问题，使高校非学历培训项目难以实现可持续发展。

④员工激励机制不足

由于高校继续教育的人员编制和管理体制的问题，造成员工在待遇、职务聘任、职称晋升等方面存在很大差异，人员稳定性差、流动性大，人才队伍建设困难重重；虽然继续教育的层次越来越高、培训规模越来越大，但是高校继续教育管理人员的专业素质和管理水平差距越来越大，这些管理者的职业提升没有引起足够的重视；员工绩效考核还不能做到劳动薪酬、职务升降、职业发展、教育之间的相结合，不能体现客观、公正、公开的原则，不能充分调动员工的积极性。因此员工激励机制限制了高校继续教育的创新发展。

第四节　行业协会办学现状分析

我国各级各类自然科学和专业技术专门学会、协会、研究会（以下统称行业协会）是科技工作者的学术团体，它反映科技工作者的诉求、维护科技工作者的合法权益、组织科技工作者参与国内外学术交流活动。来自不同企业、不同部门的工程师根据自己的专业技术背景和职业特点以团体或个人名义加入相应行业协会。行业协会是工程师的群众组织，是联系工程师的纽带和桥梁，为工程师提供专业服务。开展工程师继续教育和培训工作是行业协会的任务之一，通过形式活泼、内容新颖的教育活动，介绍国内外行业领域的发展情况和前沿技术，开阔工程师的视野、帮助工程师提高专业技术水平和研究能力。在我国继续工程教育发展初期，行业协会针对行业内中小型企业技术人员的培训和知识更新做过一些有益的尝试，各省市相继创办了一些隶属行业协会的办学机构。“多年来，开展了丰富多彩的继续教育活动，受到社会各方面的重视和好评（居云峰，2000）。”面对继续工程教育新的发展形势，行业协会在更高角度、更深层次上探索工程师教育培训的新思路和新办法。

一　行业协会办学形式整体描述

行业协会办学随着国家经济体制改革、特别是机构改革的发展经历了比较曲折的发展过程。在20世纪七八十年代，行业协会按照计划经济体制下行政管理部门的模式运作。当时工业企业中的技术人员大多数是五六十年代高等和中等专业学校的毕业生，由于十年“文革”的耽误，对60年代以后发展起来的科学技术和现代化管理知识比较陌生，补缺教育占到很大比重。行业协会在行业内开展专业模块式全科、单科进修的非学历继续教育，对企业技术人员的知识补充发挥了重要作用。在20世纪80年代末和90年代初，一些行业协会依靠行政部门和学术团体两种优势的结合，相继成立专门的工程师进修学院，开展电气工程、机械工程等本科自学考试工作，满足了当时希望继续深造、提高学历层次的企业在职工程技术人员的学习需求。

随着市场经济体制的初步形成、机构体制改革的需要，原有的工程师进修学院有的脱离专业协会改属教育主管部门或改制成为事业单位，有的由相应的专业协会接管，学校性质变为社会力量办学。隶属行业协会的工程师进修学院由于高校扩招的影响，以及丧失学历教育办学权，多数学院处于勉强维持生存的状态，继续教育基地的作用已基本丧失。

行业协会的经费来源一方面来自财政拨款，另一方面通过收取会费、接受捐赠、开展服务等途径筹措经费。会员会费主要用于开展国内外学术交流活动、进行技术交流和决策咨询、编辑出版学术刊物，以及组织相关的专业技术培训。由于行业协会是非营利性公益组织，培训项目一般对学员不收费或收取少量费用。由于没有专职教师、教学场所以及实训设备，一般采取委托办学或与高校、社会培训机构合作的方式办学。由于继续工程教育办学成本的不断上升，除了专业认证和资格认证的培训项目稳步发展外，其他培训项目举步维艰。

二　行业协会办学的特点分析

行业协会一般以专业或职业为中心，以追求技术和科学进步为目标，以提高工程师的社会地位和声望为宗旨，因此行业协会是基于行业或专业领域的企业或工程师的共同利益和愿望而产生、存续和发展，会员普遍对行业协会具有组织认同感和归属感。同时行业协会是非营利性群众组织，坚持公益性主导方向，承接政府转移职能，具有一定的社会影响力和公信力，所以能够帮助工程师通过学习交流启迪智慧、取长补短，培养“工程技术造福社会”的思想观念，并树立献身工程技术事业的坚定信心。行业协会办学有以下特点：

①全方位的专业教育服务体系

行业协会的成立是一个行业专业领域话语共同体正式形成的标志，因此行业协会与学科和专业发展密切相关。行业协会通过开展学术交流、科普宣传、科技咨询、课题研究、期刊编辑等形式，使科学理念和技术信息得以共享；通过工程师之间的对话和交流促进工程师知识和能力水平的提高。因此行业协会可以为工程师提供各种专业技术咨询、教育、推广等服务，形成全方位的专业教育服务体系。

②新产品、技术和信息的传播

行业协会具有组织资源、人才资源和科技资源的优势，学术活动具有前沿性、权威性、科学性的特点，以国家政策导向和社会主流需求为依据，以科学发展为根本，开展产学研结合、多学科融合的学术活动，有利于新产品、技术和信息的传播和推广。通过全方位的教育服务，营造专业技术人员交流、学习、争鸣、合作的氛围，能够引入国内外技术创新资源、交流技术创新成果、促进技术创新成果转让、拓宽技术创新思路，达到提高工程师创新能力、助力企业技术创新的核心目的。

③稳定的职业资格认证类培训

在专业学科范围内影响较大或较为广泛的行业协会，一般拥有一批较高水平的专业人才，建立了能够代表本行业或学科的最高水平并且能够有效运行的专家委员会，承担本专业职业资格评定工作。为此开展的相关培训，由于能够按照评定条件，将工程师应具备的知识和能力进行细分，有助于个人依据标准有选择地学习，进行自我完善。由于职业资格等级直接和工程师的工作、生活、待遇等挂钩，存在稳定的社会需求，所以行业协会开展的相关职业资格等级考试评定的培训项目比较稳定。

三 行业协会办学的问题分析

我国行业协会是政府机构改革和市场经济发展的产物，然而政府职能转化需要一个过程，市场经济体制尚未完善，运行机制尚不健全，阻碍了行业协会的发展，行业学会发挥的作用十分有限。办学存在的主要问题如下：

①办学可持续性差

我国行业协会总体实力不强，发展不平衡，特别是政府在机构改革过程中，对行业协会的职能定位不到位，制度设计不完善，使得行业协会在履行职能时受到行政干预，也有一些行业协会习惯于计划经济的思维，等靠政府发挥作用。这些因素造成行业协会没有准确的办学定位、清晰的办学规划和具体的办学程序，缺乏有效的办学管理制度和规范，办学活动缺乏连续性，使得在计划经济时期行业协会积累的办学经验没有延续、曾经的办学繁荣不再显现。

②办学条件不完备

我国大部分行业协会由于没有编制，专职工作人员数量较少，专业人员比重小，缺乏办学管理者，缺少经营、创新、服务意识。目前，行业协会一般没有自己的教学场所和教学设备，没有稳定的师资，课程开发能力很弱。此外，由于合作办学以及办学中间协调机制不健全，很多办学思路无法实现。这些因素造成行业协会办学条件不完备，办学积极性不高。

③经费状况拮据

行业协会的经费主要来源于会员缴纳的会费，由于不少行业协会不能为企业提供必要的支持和帮助，缺乏对企业的吸引力，企业很少主动缴纳会费。工程师个人的收入偏低，会费水平不高。由于收缴会费困难以及没有配套的资金支持，行业协会处于经费匮乏的困境，难以向会员提供所需的各种技术服务，难以开展高质量的短期技术培训。

第五节　政府办学现状分析

继续工程教育政府办学主要是指由政府投资并批准成立的办学机构开展继续工程教育办学活动。国家对办学具有领导权、制约权、调控权，办学服务于国家战略，必须在国家的法规、政策的指导下办学。在办学过程中，国家和各级政府集办学者、管理者、投资者为一体，通常以国家财政专项经费的形式承担大部分办学经费，并实行高度集中统一的计划管理，按需育人、按需分配。

一　政府办学措施整体描述

在计划经济时期，继续工程教育具有鲜明的计划经济的特点，服从、服务于计划经济。政府作为唯一办学主体，适应当时计划经济体制的要求，为经济建设培养了大批专业技术人才。由于经费充足、政策具体、措施到位、上下联动，各方参与积极性高，政府办学具有良好的人才效益、科技效益和社会效益。人事部（现在的人力资源和社会保障部，以下简称“人社部”）是全国专业技术人员继续教育工作主管部门，专业技术人员继续教育工作是知识分子政策和专业技术人员中和管理中一项重要内容。人社部的工作是负责专业技术人员继续教育事业的统筹规划、制定法规、完善组织、落实经费、健全监督制度。

根据《国家中长期人才发展规划纲要（2010—2020 年）》的战略部署，人社部会同有关部委制定并逐步实施了《专业技术人才知识更新工程实施方案》，开展了国家级、大规模的一系列专业技术人员继续教育活动，由政府拨款实行统一管理，按照“公开、平等、竞争、择优”的原则稳步实施。

①专业技术人员高级研修班（简称高研班）

从 1986 年开始创办，由人社部统一管理、联合工业和信息化部、农业部等专业部委开展的国家高层次专业技术人员继续教育活动。高研班集中了各行各业高层次的专业技术人员和管理人员，或中青年技术骨干，通过讲座、研讨、咨询、自学、考察的形式，取得政策性或技术性研修成果，进一步解决国家经济发展和科技进步过程中的热点、难点和重点问题，并发挥人才培养服务的辐射作用。人社部每年下达年度研修专题，有关部门组织落实，每年专项经费约370万元。高研班作为人社部继续教育的一项重要的经常性工作，有规划、有制度、有经费、有组织地开展，起到了示范、引领和推动作用。

②国家级专业技术人员继续教育基地建设（简称继续教育基地）

在2010—2020十年时间内，从实践基础较好的继续工程教育培训机构和企业培训机构中，分期分批建设200家继续教育基地，形成上下衔接、结构合理、分层分类、优势互补的专业技术人员继续教育基地体系，用于培养培训国家高层次、急需紧缺和骨干专业技术人才。国家级继续教育基地由人社部审核认定、管理监督，获准设立的国家级继续教育基地的培训机构获得最高500万元的一次性补助以及相应的政策支持，专门负责专业技术人员的培训工作。2013年5月，《国家级专业技术人员继续教育基地管理办法》颁布，继续教育基地的审批、管理、运营步入规范化轨道。

③专业技术人才知识更新工程急需紧缺人才培训项目和岗位培训项目（简称急需紧缺人才项目）

2011—2020年期间，在装备制造、信息、生物技术等12个重点领域和9个现代服务业领域，按照计划每年培养具有中高级职称的骨干专业技术人才19万人、高层次急需紧缺专业技术人才80万名。项目实施采取年度项目计划管理方式，由人社部统一领导、各级人社部门分类指导、分工负责、分级组织。由国家财政提供专项经费支持，每年经费约100万元。主要委托国家级专业技术人员继续教育培训基地进行，考核监管有各级人社部门负责。急需紧缺人才项目是专业技术人才知识更新工程的重点项目，目前正在稳步推进，加紧实施。

二　政府办学的特点分析

政府办学主要围绕国家优势特色产业发展以及重大项目建设，加强急需紧缺人才培养培训。由于我国行业、地区、发展很不平衡，经济发展对人才的需求不仅迫切，而且呈现多样化、多层次、多规格的特点。经济建设既需要高、精、尖人才的培育，也需要实际技能型人才的训练；既需要高层次人才的引领，也需要大量基层人才的贡献，但是政府办学难以满足这些基本需求。

政府办学主要针对国有大中型企业或行业领域的龙头企业，学员需要经过企业、部委相关部门的层层选拔和审核才能有资格参加学习。中小企业虽然对高层次人才、高新技术合作、技术咨询的期盼意识很强，但是政府办学很难惠及中小企业，无法从根本上改变中小企业技术人才缺乏、特别是创新性技术人员的现状。

政府办学是与我国计划经济体制相适应的，在特定的历史发展阶段发挥了重要作用。在计划经济向市场经济转变过程中，随着社会、经济发展的需要，在政府办学的同时，创新政府的管理模式，吸收社会办学力量，建立多元化办学体制，既能发挥政府的宏观调控、统筹协调的作用，又能发挥社会各方面举办继续工程教育的积极性，有利于继续工程教育的发展。

三　政府办学的作用分析

我国是发展中大国，发展和改善民生的任务依然艰巨，教育支出的规模虽然不断增长，但是教育投入总量不足、使用结构不合理的矛盾依然存在。教育经费不足在相当长时期内客观存在，因此政府办学在服务国家人才战略、政策导向、示范引领方面仍然发挥着不可替代的重要作用。

①政策导向作用

政府办学是适应经济和社会发展要求的需要，反映了不同时期的政策制度的变化和发展。政府办学能够以重点行业领域的中高层次人才培训为重点，带动继续工程教育工作的全面开展；分行业、分地区组织实施，增强了继续工程教育办学的针对性和实效性；政府办学能够规范办学行为，创新施教模式和管理方式，提高办学质量和办学效益；政府办学能够推动全社会对继续工程教育工作的重视和支持。

②经费保障作用

人社部纳入财政预算规划，提供专项继续教育和培训经费，支持和引导国家重大人才培养培训项目的开展。专项经费主要用于选题论证、教材编写、课件开发、专家授课等费用；相关企事业单位和培训机构落实教育培训经费，并重点向国家急需紧缺人才项目倾斜。同时，降低培训成本，不以营利为目的，不向学员收取费用，不给学员增加负担，积极鼓励社会、用人单位、个人共同参与，建立多元化经费投入机制。

③上下联动作用

专业技术人才知识更新工程由于建立了领导小组、联席会议、协调小组等工作协调机制，加大了在政策、项目、资金等方面的倾斜和支持，加强了工程实施的监督检查，所以在人社部统筹规划，各行业主管部门发挥行业专业优势，专业技术人员积极参与，形成了上下联动的工程运行机制，有力推进了工程的实施，有效带动了整个继续工程教育办学活动的开展。

第六节　民办培训机构办学现状分析

民办非学历教育培训机构（简称民办培训机构），一般是指国家机构以外的社会组织或个人利用非国家财政性教育经费，面向社会开展各级各类非学历教育的各培训学校和培训中心。2002 年，《民办教育促进法》颁布，标志着民办非学历教育的法律地位得以确立。“民办教育在发展过程中，由其生存需求与体制特点所形成的竞争机制和创新机制，成为教育事业改革与发展的不可或缺的重要因素（陶西平，2005）。”按照国家规定，对民办培训机构实行分类管理，各级教育行政部门负责审批和管理，提供自学考试助考、学前教育以及其他文化教育的民办培训机构；各级人社部门负责审批和管理，提供职业技术和技能培训的民办培训机构。由于宏观政策环境以及办学者自身的原因，民办非学历教育一直处于曲折发展、艰难前行的境况。

一　民办培训机构办学的特点分析

目前，民办教育还处在一个较低的发展水平，“这是综合复杂的市场原因、社会原因、经济原因和主观努力程度与方向所决定的，是多种合力所形成的最终结果（黄藤，2002）”。政府对民办非学历教育的管理、政策法规的制定始终在扶持鼓励和约束限制之间徘徊，对民办非学历教育的办学层次、办学内容、办学思路没有明确的界定标准，又分属于不同部门进行管理，致使民办培训机构的规模、功能、地域、投资方式比较复杂；办学主体混杂、体制各异。

①补缺公办教育，服务大众

我国地域广阔、人口众多，经济发展比较落后，仅仅靠国家、高校、企业办学，很难在短期内培养大量急需的专门人才，工程师人均享受到的教育资源非常有限，民办培训机构将教育服务深入到各个阶层工程师的各个方面，发挥体制、机制灵活的优势，能够主动贴近现实的、不间断的、多次叠加的学习需求。不同层次、不同规格、不同形式的民办培训教育，正在逐步成为一次性、公办正规教育的有力补充，成为增加教育资源供给不可或缺的社会力量。

②迎合市场需要，办学灵活

民办培训机构是顺应社会主义市场经济的发展而产生的，因此具备天然的市场属性，能够更加敏锐地适应行业发展需要，满足不同年龄、各行各业、不同层次的职业技能培训的需要。培训内容既有外语、计算机操作等基础性、普及型的培训，也有现代物流、数字媒体等科技前沿的高端培训；培训类型既有电工、汽车维修、服装设计等职业资格等级的考前辅导，也有各类工程师、高级工程师职称等级考前辅导；培训形式既有满足中高收入群体的高投入、高收费的一对一、上门培训项目，也有满足普通民众的免费的、收费较低的网络培训项目。

③拉动教育消费，繁荣经济

随着消费观念的变化，公民教育培训消费指数逐年升高，民众用于教育培训的日常消费正在成为我国经济和社会发展的增长点。工程师的教育消费也由学历提高转向能力提升，由“要我培训”转向“我要培训”，由维系生存转向提高生活质量。在民众教育消费观念不断转变的过程中，民办培训机构面临广阔的发展空间，不仅获得社会和经济效益，而且增加就业岗位、活跃地方经济、拉动教育消费。

二　民办培训机构办学的问题分析

民办非学历教育满足社会需要，培养了各方面各层次的职业技能人才，为地方政府创造了经济收益，得到了社会和国家的认可。然而，在快速发展的过程中，民办培训机构也出现了一些值得关注的问题，有些问题甚至严重影响民办学机构的生存和发展。

①办学准入标准低，办学风险较大

申请开办民办培训机构的注册资金为10万～20万元，对专兼职教师和管理人员、办学资金、教学场所和教学设备的审批标准较低，使得民办培训机构的开办准入门槛低。然而，一方面职业技能培训需要投入大量的教学设备、设施，办学条件要求较高；另一方面民办培训机构的目标生源分散，招生成本较高，这些因素决定了民办培训机构办学存在较高风险和不稳定性，同时部分民办培训机构过分追求经济利益而忽视办学投入，致使办学信誉度不高，社会影响恶劣。

②办学条件先天不足，办学质量较低

目前，多数民办培训机构没有专用校舍和教学设施，而是租用场地办学，设备简陋陈旧；教师多为兼职，以离退休人员和刚毕业大学生为主，专职教师严重缺乏，师资结构不合理，流动性较大；教学管理不够严谨，缺少有效的质量监控体系，内部管理缺乏规范，除少数办学机构办学有特色、资源较充裕、有品牌效应之外，总体上民办培训机构的办学条件还不能适应工程师培训的要求。

③筹资渠道单一，过分依赖学费

由于公益性和营利性的矛盾在认识上尚未达成共识、相关政策法规尚不健全，全社会普遍缺乏捐助动力，所以民办培训机构获得的政府拨款、直接和间接资助很少，经费来源渠道单一，过分依赖学杂费。办学经费随招生规模的变化而变化，波动性较大；而且由于缺少其他稳定的办学经费，办学条件得不到及时改善和更新。因此，民办培训机构普遍面临生存性、发展性资金短缺问题。

第七节 本章小结

从继续工程教育办学三十多年的发展过程中，从一元办学主体到二元办学主体，再到当今的多元办学主体，继续工程教育多元主体布局已经初步形成，对进一步适应国家经济建设、市场经济体制的需要、进行多元化办学体制改革具有重要意义。然而，伴随着国家经济体制和政治体制的改革发展，继续工程教育的发展道路并不平坦，甚至一度间断，而且由于教育理念外延的扩展和教育内涵的丰富变化，继续工程教育的历史记载、数据统计、研究成果支离零碎，各个主体的办学经历和发展变化既相同区别又融合交错。

为了准确了解我国继续工程教育办学现状、全面把握多元办学体制改革的整体情况，发现多元主体存在的问题，作者持续关注和参与了中国工程院和清华大学工程师培养和继续工程教育课题的研究，梳理了大量继续工程教育的历史资料，并对典型案例所涉及的办学机构进行了详细的实地调研和人物访谈，对不同主体的办学形式、办学特点进行深入调查和仔细分析，并且通过具体办学机构的实际案例予以佐证。最后在对多元主体各自的办学形式和办学特点形成清晰认识的基础上，进一步对多元主体办学存在的问题进行提炼和剖析，为多元化办学体制的改革提供现实依据。

第六章

继续工程教育办学体制症结剖析与发展路向

继续工程教育多元化办学体制改革是我国继续工程教育改革发展的重要任务之一。改革的关键在于从思想层面认清存在哪些重要问题以及从实践层面上解决如何进行多元办学体制改革的问题。在对继续工程教育办学对象、多元主体办学现状的深入分析的基础上，进一步揭示我国继续工程教育办学体制改革的症结所在，同时从美国、德国和日本三国继续工程教育多元办学体制发展的国际比较中得到启示，从而更加清楚地认识我国继续工程教育多元办学体制改革的发展方向。

第一节　我国继续工程教育多元化办学体制改革症结剖析

继续工程教育多元主体的形成和确立为办学体制多元化改革奠定了基础，办学体制改革开始出现积极变化，但是多元主体在办学布局和规划、合作办学和特色等方面的问题恰恰成为制约继续工程教育办学体制多元化改革的瓶颈，阻碍了办学运行机制的深刻变化和办学形式的创新发展。

一　多元主体的布局问题

随着经济和科学技术的发展、产业结构的调整，职业分工越来越细、职业种类越来越多，社会、工程师个人的学习需求异常复杂、变化迅速，工程师的培训已经从补充型需求向选择型需求转变。因此，以单一办学主体为主的办学体制既不能满足经济建设的需要，也不能满足工程师个人千差万别的需要，以多元主体为基础的办学体制是“公有制为主体、多种所有制经济共同发展”在继续工程教育领域的具体体现，是调动一切社会力量支持办学、参与办学、丰富办学的客观要求，也是与全球经济一体化进程、终身学习社会建设发展相一致的。

目前，由企业、高校、行业协会、政府、民办培训机构为主体的多元办学格局初步形成，各个主体依据不同的发展背景、办学性质和办学特点提供了多样化的继续工程教育产品和教育服务，使工程师有了更多的机会选择，在整个国家继续工程教育事业中发挥着各自不同的作用。我国继续工程教育基本形成了企业办学迅速发展、高校办学有序进行、行业协会办学积极探索、政府办学引领示范、民办培训机构寻求机会参与的局面。虽然多元主体的布局基本确立，但是各个主体的办学自主权尚未得到保障、多元主体布局的不合理和非均衡性问题未得到有效解决，多元办学主体的健康、持续发展还在探索之中。

二　多元化办学的统筹问题

虽然多元主体的布局初步形成，但是各个主体的发展还不均衡，存在着区域分别、行业类型、行政隶属的差异，以及办学目标、办学类型、办学形式的不同；除了一些经费充足、资源优势明显的办学机构拥有特色品牌项目、办学质量较高之外，总体上办学质量不高，存在着规模和数量与质量和效益之间的矛盾。除了办学主体自身因素之外，在办学自主权、政府的扶持力度、激励机制等方面，政府的制度设计和措施安排还存在很大空白，使得一些办学机构处于勉强维持、无所适从的地步。

我国继续工程教育基本实现了从单一政府管理到多个部门分层分级管理的转变，进一步进行多元化办学体制改革是继续工程教育发展的必经途径，同时改革需要在制度安排、组织形式、调控手段等方面进行创新，才能真正推动继续工程教育的创新发展。在市场机制还不健全的环境下，通过政府的统筹规划和合理监管，营造公开公平的竞争环境。政府要对继续工程教育办学的规模、速度、结构进行通盘筹划，使继续工程教育与国家人力资源强国战略和国家经济建设的总体要求相适应；组织、协调涉及继续工程教育改革和发展的各种组织要素，促进教育资源得到合理配置、办学效益得到提高；以有限的教育投资为牵引，引导更多的社会资金投入到继续工程教育之中；要建立继续工程教育办学质量评估体系对办学质量进行有效监管。

三　办学经费的筹措问题

各个主体大都面临办学经费短缺的问题，政府办学只能惠及国家急需紧缺人才，惠及不到广大的工程师队伍；企业办学只能局限于经济效益较好的大中型企业，中小型企业办学基本停滞；高校办学处于边缘地位，缺乏持续发展的举措和动力；行业协会更是由于日益高涨的办学成本而举步维艰；民办培训机构以学养学，发展规模受到局限。继续工程教育的投资对继续工程教育的生存发展发挥重要作用，但是国家财政有限的资金投入主要集中于社会公共教育服务平台建设，工程硕士和工程博士的联合培养、专业技术人才知识更新工程等国家重大建设项目，其他办学主体基本上以自主经营、自负盈亏的方式来办学。

办学经费的短缺已经成为制约继续工程教育发展的关键问题。随着我国的经济社会的发展、经济体制的变革，必将进一步促进了继续工程教育投资的变革。经济科技进步带来的对专门人才日益增长的需求，促使继续工程教育规模要不断扩大；经济体制从计划经济向市场经济转变，各种教育资源也从政府统包统筹转向由市场调节。一方面外部投资变革逐步使社会集资和金融信贷用于继续工程教育的资金筹措和融通，另一方面内部投资变革主要体现在收取学费、建立教育基金、增加教育附加值等资金的有效利用和节约成本。

四　多元主体的合作问题

多元主体在原有的计划经济时期已经形成各自的优势，积累了一定的经验，拥有一定的资源，但是也遗留了一些问题，相对封闭而独立、条块分割严重。但是随着市场的发展，各个主体的办学目标、作用和地位随之发生变化，市场发展空间较大，同时继续工程教育覆盖的面越来越广、涉及的量越来越大、包络的内容越来越丰富，单靠任何一方办学力量有限，难以形成规模效应和竞争优势。

在市场经济条件下，迫于生存和发展的压力，对社会效益和经济利益的追逐形成多方主体参与合作的动力。办学主体打破条条块块的隔绝，加强相互联系；降低办学成本，实现资源共享；发挥各自优势，形成新的优势。同时，随着在线教育培训的兴起，越来越多的网络技术公司参与到教育培训领域，多元化的融资方式也使金融机构为教育培训提供更多的教育金融产品，它们以专业化的技术和服务越来越多地参与到继续工程教育办学活动中。

五 多元主体的特色问题

继续工程教育的特点决定了其教学理论体系、实训课程体系的建设需要继续工程教育从业者经过较长时间的实践和研究，但是由于专职教师的缺乏以及管理人员素质偏低等问题，继续工程教育的理论研究、项目研发非常薄弱，难以形成教学经验和科研成果的积累和传承，培训项目和培训形式缺乏特色，不能满足各种层次和类型的学习需求。普遍存在培训项目简单雷同、盲目跟风、随意拼凑的现象，造成同行之间的恶意竞争、竞相压价，使得办学机构的形象和声誉下降。因此，缺乏核心竞争力、办学特色不鲜明的问题已经严重阻碍继续工程教育的健康发展。

所谓办学特色，就是要在办学过程中“有所为，有所不为”，根据自身条件进行项目研发，创造差异并形成特色。针对特定的工程师群体的学习要求，改进教学内容和教学形式，树立品牌意识，在办学过程中使精品项目不断丰富、不断完善、不断稳定。特色是多元主体赢得客户、形成社会地位的基础，多元化办学体制的确立后，不同办学机构从实际出发，各有侧重、各显其能，不包揽、不攀比，办出特色，才能适应整个社会对各种专业人才的培养要求；不同的办学机构有不同的定位，各个办学机构的准确定位、鲜明特色对继续工程教育市场的协调运作、共同发展具有重要作用。

六 多元主体的激励问题

由于我国继续工程教育数量庞大，经费短缺，多元主体普遍缺乏办学积极性。高校继续教育边缘化地位没有得到根本改变，企业办学缺乏保障机制而难以持久，行业协会开展考试评价的职业资格制度尚未建立，民办培训机构办学的合法地位没有真正得到承认。继续工程教育总体上还处在重短期效应、轻长远规划的松散状态。

虽然国家出台了大量相关继续工程教育的政策文件，但是很多条款已经不能适应时代的要求，缺乏具体的、可操作性实施细则。企业办学的主体地位没有得到法律制度的确立，规范的企业培训条例和管理办法缺乏，没有建立支持和鼓励企业办学的税收倾斜、资金资助的优惠政策。虽然民办教育促进法明确规定民办与公办教育具有同等的法律地位，让民办培训机构名利双收的政府法规却迟迟未出台，缺乏对民办培训机构的财政资助和股权激励政策。继续工程教育办学责任机制、利益补充机制以及约束监督机制等一系列激励制度和法规的不完善问题制约了继续工程教育发展的步伐。

第二节　继续工程教育多元办学体制的国际比较分析

他山之石，可以攻玉。各国继续工程教育制度、办学体制各有其特色，这些特点同本国的政治、经济、文化以及教育的发展历史有着密切关系。尤其是发达工业化国家，都建立了多元化办学体制，但是各国根据自身的具体情况采取了各自不同的发展战略。虽然我国与这些发达工业化国家在政治制度、经济发展水平、文化传统等方面存在较大差异，但是通过比较研究，得出科学的、规律性的结论，结合中国的实际情况，创造性地加以运用，必将促进中国继续工程教育多元办学体制的改革和发展。

一　美国继续工程教育办学体制分析

（一）美国继续工程教育办学体制发展整体描述

只有二百多年历史的美国，在20世纪成为世界第一工业化强国，并一直持续保持着这一优势。美国工业企业与工科院校、科研机构之间的联系和合作密切，为美国适应全球激烈的技术竞争创造了条件。虽然美国政府对大学科研经费的支持持续下降，但是工业企业对大学研究的资助份额去在增加。工业企业采取基于合同的研究与开发方式，并根据结果和业绩对工科院校进行资助，促使工科院校从事更加直接与工程技术应用有关的研究。同时工程技术研究与应用日新月异，对于对从事工程技术研究、开发、应用的工程师而言，他们的培训和继续教育越来越受到国家和企业的重视。工科院校、科研机构与工业界形成了互促互进的合作关系，使得知识创新和技术创新成为美国工业领先的内在坚实基础。

美国学者对继续工程教育的研究由来已久。Thorndike（1928）最早通过实验论证成人的学习能力，指出人的学习能力永不停止，成人的可塑性或可教性依然很大。Maslow（1954）从另一个角度研究成人学习，他认为教育的目标是自我实现，而自我实现只有成人才有可能完成。Klus 开创了继续工程教育收益率实证研究的先河，他选取样本的方法、调查问卷的设计以及获得的结论对当今的继续工程教育收益研究仍有很高的参考价值。Joseph 率先提出了工程师学习需求理论，建构了工程师的需求层次。在 Klus 和 Joseph 等继续工程教育学家的积极倡导下，1972 年联合国教科文组织成立了继续工程教育国际专家组，并于 1989 年成立了国际继续工程教育协会。美国对国际继续工程教育的积极倡导、对继续工程教育理论研究的重视，使美国继续工程教育的理论研究和实践探索走在了世界前列。

1862 年《莫里尔法》和 1887 年《哈奇法》的先后颁布，以法律的形式引导工程教育的具体走向，有效推动了美国经济的发展，形成了工程教育与工农业发展相结合的工程教育思想。在第二次世界大战期间，美国继续工程教育得到了快速发展，战后《职业训练法案》、《成人教育法》的实施，从法律层面对继续工程教育的拨款投资、教育权限给予了明确规定。美国继续工程教育培训机构众多，主要有企业、大学、协会以及教育培训公司四大系统。美国政府认为继续工程教育是一种投资，要遵循市场规律进行管理，因此很少进行行政干预；继续教育机构在法律限定的范围内自由运作，无论是公立还是私立，都有很大的办学自主权。因此美国的继续工程教育普遍建立了以市场需求为导向、以成本核算为基础、以综合效益为驱动的自负盈亏的市场化运作体制，办学的社会化、市场化和商业化特征非常明显。

1993 年，美国政府开始实施高科技计划“国家信息基础设施”（National Information Infrastructure，NII），耗资 2000 亿～4000 亿美元，兴建“信息高速公路”，极大地改变了美国民众工作、学习和生活的方式，也给教育带来新的发展机遇。近二十年来，美国的远程继续教育取得了令人瞩目的成就，已经成为继续教育一个重要组成部分，科技不仅仅带来教育技术手段、教育方式的改变，而且反映出办学者对教育市场需求变化的高度灵敏性。目前，每天有超过百万的学生在网上接受从本科到研究生的学历教育和短期的以职业证书为主的非学历教育。对于工程技术人员和工程管理人员而言，以工程硕士学位课程和短期证书课程为主。高校是在线教育的主力军，通过在线教育攻读硕士学位的学生人数持续增长，高校由此获得的经济收益也呈逐年递增的趋势。

先进的继续工程教育理念、法律框架下的市场化运作体制、强大的现代技术支撑，政府、高等院校、专业协会和企业的紧密联系及合作，这些因素使得美国继续工程教育高度发达、领先世界。此外，美国是一个移民国家，从世界各地吸引优秀人才的移民政策保障了美国对高素质工程技术人才的需求，工程师勤奋工作、充满活力、敢于创新，他们适应美国高新技术产业发展的要求，为强大富裕的美国经济发展做出了很大贡献。

（二）美国高校办学的特色分析

美国高校开展继续工程教育历史悠久，最早提供工程技术短期培训的是佛蒙特大学，它在1828年提供土木工程的短期课程，随后一些高校相继开展了机械、建筑和土木工程的短期课程或讲座，1837年纽约大学开展了为期2个月的土木工程讲座，每个学生收费20美元（Terry，1992）。19世纪后期，赠地学院的建立为各个地区培养了大批农业、工程技术人才，按照所在州的产业结构和发展水平设置专业课程，服务于地方经济发展。以斯坦福大学为智力支持的硅谷地区和以麻省理工学院为智力支持的128公路地区，均是以一流的工科院校作为高科技人才的坚强后盾而建立起来的闻名世界的高科技社区，使高校的“社会服务”功能得到了充分发挥，高校和高科技社区之间形成了双向共赢关系。

美国高校继续工程教育注重面向区域发展，满足本地区工程师的学习需求，开设给予学分的课程以及授予学位的课程。虽然工程和技术的快速变化使得持续不断地学习掌握工程和技术新知识，成为工程师延续职业生涯和获得成功的根本，然而让工程师重返校园进行学习存在很多困难，应该为每个工程师提供最佳的学习方案设计和规划，灵活方便地满足他们个性化的学习需要（Nael，2008）。美国很多大学在继续工程教育办学过程中，充分了解市场需求，视工程师为客户，形成了先进的办学理念和比较成熟的市场经营模式，赢得了可观的经济效益。威斯康星大学工程学院的工程专业发展系（Engineering Professional Development，EPD）、麻省理工学院工程学院的专业机构（The Professional Institute，PI）、斯坦福大学专业发展中心（The Stanford Center for Professional Development，SCPD），均是世界范围内工程师提升职业素质和技能的著名培训机构。

美国在信息、通信等高技术领域在世界上处于领先地位，为继续工程教育的发展提供了强有力的技术支撑。美国高校依托远程教育，在企业、研究机构和国防工业基地设立教学点，通过先进的网络技术手段将学校高质量的专业课程等优质教育资源传送到工程师的工作地点，使在职工程师能够享受与校园内全日制学生同等的教育机会。远程教育不仅使学习方式更加灵活，而且节省了企业职工参加离岗课程学习的时间和资金（Klus，1995）。美国高校的远程教育不仅提供短期的职业认证课程，而且提供硕士学位课程，美国越来越多的在职工程师通过这种学习方式获得硕士学位。

二　德国继续工程教育办学体制分析

（一）德国继续工程教育办学体制发展整体描述

德国具有最庞大的制造业工业体系，从世界知名的大企业到占领全球高端专业细分市场的中小企业，在德国国民经济中占有举足轻重的地位。作为欧盟中最大经济体的德国，在世界经济低迷的形势下，各项经济指标稳健上升、GDP增长率缓慢恢复，在欧盟经济治理中发挥了积极主导作用。分析原因，除了严格的金融监管制度和完善的市场经济体制之外，生命力强大的制造业应该是德国抗御欧债危机等金融风险的根本原因。分层次、分阶段、面向需求、注重实践的继续工程教育与高等工程教育共同构成了体系完善的工程教育系统，为德国制造业提供了坚实的人才储备，为德国的经济发展和社会进步注入了强大动力。

德国职业教育体系包括职业预备教育、职业教育、进修教育以及改行教育。各个层次类型的教育彼此衔接、相互协调，各具特色、途径多样，构成了一个发达而又完善的教育系统。"双元制"教育模式是德国工程教育最显著的特征，这种教育模式使企业、社会组织直接介入学校教育，在很大程度上避免了人才的供需脱节，有利于创新教育。同时，政府以及民间组织对教育十分重视，促进了工程技术教育的良性发展。德国继续工程教育一般以社会力量和企业内部的办学设施为基础，广泛吸引私人雇主对教育培训进行投资，全日制学校发挥的作用较小；继续工程教育是德国企业创新的中心要素，也是德国教育体系中的重要组成部分（Wijngaarde et al，1998）。

德国非常重视职业教育的法制建设，联邦及各州颁布了上百部相关的法令，以法律形式具体规定了继续教育的任务要求、机构设置、质量评估和职业认证等，构成了完善的法律法规体系。其中，与继续工程教育相关的法律主要有《联邦职业教育法》(1969 年颁布，2005 年修订)、《企业基本法》(1972 年颁布)、《联邦职业教育促进法》(1981 年颁布)、《联邦远距离教育保护法》(1976 年颁布)、各州《继续教育法》(1974 年，黑森州最早颁布)、《教育假期法》(1974 年，不来梅州最早颁布）等。各项立法推进了继续工程教育法律地位的确立和巩固，提高了对工程师的社会认可度；法规内容主要集中于行业协会、企业在继续工程教育中的权利和义务，明确了办学机构的办学条件、经费来源、教师资格、考试办法和管理制度等；立法之详尽、操作性之强大、执法之严格，为继续工程教育的发展提供了重要保障，而法律文本也随着社会的发展而不断更新和完善。

德国继续工程教育是由社会众多部门参与的多元办学体制，因此其经费来源途径多种多样，形成了国家财政和私营经济共同资助的多元经费供给模式。作为继续工程教育的办学机构，大型工业企业投资建设培训车间、提供培训设备、支付实训教师工资和学徒的培训津贴。中央基金是国家设立、依法向国营和私营企业筹措经费的方式，通常按企业员工工资总额的 0.6% ~9.2% 提取；行业协会基金是由行业协会向会员企业征收，主要用于行业协会内会员的培训；此外还有国家资助、个人资助等。多元的资金注入、雄厚的资金支持、灵活的融资形式使工程师接受继续教育和培训的权利得到充分保障。

完善的教育体系、健全的法律法规体系、多元的资金支持使德国继续工程教育在整个教育体制中极具特色，也造就了德国工程师遵守规则、准时精确、以“专”为主的特点。德国产品之所以能够始终保持良好的质量和性能、并得到世界公认，不仅与德国工程师的素质和能力分不开，而且也和德国完善的教育体系密切相关。

（二）德国中介组织办学的特色分析

“德国的中介组织已经形成多层次、多方位的网络，可为企业提供完整的产前、产中、产后服务，是连接政府和企业的桥梁和纽带（肖运鸿，1998）。”众多的社会中介组织为中小企业提供信息咨询、产品推广、技术培训等全方位的服务。德国政府一般不直接面对中小企业，而是鼓励和调动社会力量积极参与，对中小企业的促进措施都是通过公法组织、非盈利和营利性中介组织来实现的。例如德国工商总会 DIHT、工业联合会 BDI、工程师协会 VDI、弗琅和费协会 Fraunhofer、国际发展合作公司 GIZ 等。在完善的中小企业支持政策和法律框架体系下，政府、中介组织和中小企业之间形成所谓“公私伙伴关系”模式（Public - Private Partnership，简称 PPP），在中小企业促进中得到了广泛运用，中小企业受益最多，实现了“公私伙伴”多赢的局面（Samii et al，2002）。

PPP 是指公共部门与私人部门之间的合作组织模式。在当今经济全球化形势下，这种合作模式特别适用于中小企业，尤其是处于创业初期的中小企业。政府通过权力下放，把任务委托给中介组织，中介组织利用信息优势和专业服务，使政府任务能够更好地贯彻和实施，同时将中小企业的困难所在和利益诉求及时反馈给政府，能够使政府决策制定更加符合中小企业的实际需求，并且能够为中小企业所接受。公共部门、私人部门为实现共同的目标，风险共担、收益共享（Dalia，2010）。德国政府作为委托方，核心任务是制定促进政策、评估成本收益、建立质量保证机制，中介组织作为代理方，按照契约条件，为中小企业提供融资、信息、培训、咨询等配套服务。因此，政府、经济界组织和中小企业之间形成了三重委托代理关系，而且以正式的合作项目来确定各方的责、权、利，明确项目的范围、目标和结果。

德国中介组织适应市场体制发展的需要，以第三方的身份独立、公正地从事各类服务和咨询，充分发挥自身在融资、建设、运营、管理方面的优势，注重中小企业的创业咨询、科技先导、国际化营销和技术培训，为其提供全方位的、国际化的、高水平的专业服务。

三　日本继续工程教育办学体制分析

（一）日本继续工程教育办学体制发展整体描述

从20世纪80年代末开始，日本经济对世界经济影响力逐渐扩大，成为世界经济强国，到目前为止依然是世界最主要经济体之一。日本经济的发展历程是以企业为主线、以企业体系为主要构成要素，其中制造业企业整体历史性地担负起日本实现工业化的主力军角色，并且是日本实现经济可持续发展的重要产业基础。虽然日本经济的整体不景气以及许多企业全球市场份额下降等现象是不容争辩的事实，但是这些与“制造现场实力”的起伏没有必然联系，日本制造现场的核心实力仍然雄厚（藤本隆宏，2007）。

战后日本的经济恢复和增长，教育是推动其发展的内在作用之一。为了确保技术工人的数量和质量，日本于1958年颁布《职业训练法》。在终身教育思想的指导下，1969年颁布新的《职业训练法》，规定职业训练由公共培训机构和企业负责实施，企业是提供职业训练的第一责任者，企业要建立系统的终身职业培训体系。由于战后日本技术工人和工程师的严重缺乏，企业普遍对员工进行阶段性且系统性的职业培训，企业员工职业能力的有效开发和利用的重要作用得以发挥，1985年《职业训练法》再次修订，并更名为《职业能力开发促进法》，明确规定开发雇工的职业能力是企业雇主应尽的义务。1990年，《生涯学习振兴法》颁布，它是继美国之后世界上第二部关于终身学习的成文法律，在行政体系上确立了终身教育的主导地位，该法修订后改称《终身学习完善法》，于2002年颁布，明确规定了终身教育的组织保障。在日本，企业界对终身学习最早做出反应、也是积极参与者之一。日本企业能够承担未来对技能的要求，是因为他们采取了成功的技能训练方法，使得企业内的员工能够学得好、学得快、学得长（Lorriman，1995）。

日本职业训练的特点是民间部门超过公共部门，是职业训练的主体。“民间企业支出的职业训练费大约相当于政府职业训练支出的3倍。在所有职业训练机会中，大约四分之三是民间企业自身提供的（周建高，2010）。”日本独特的企业内职业训练与日本独特的企业管理密切相关。从20世纪90年代开始，包括美国在内的经济管理学界的一些学者对“日本型组织”的效率问题给予了关注，并且做了许多相关研究，例如威廉·大内的《Z理论》、青木昌彦的《企业合作博弈理论》、大前研一的《新企业战略》、理查德·帕斯卡尔的《日本企业管理艺术》、盛田昭夫的《日本造·盛田昭夫和索尼公司》等等。其中，日裔美国管理学家威廉·大内从1973年开始专门研究日本企业管理，提出了代表日本式管理的理论——Z理论。大卫（2007）认为，Z型组织是一种集体意志的文化，是由平等的人组成的社会群体，这些人为了达到共同的目标而相互合作。Z型公司实行长期雇佣制，这种长期的雇佣关系通常根植于企业复杂组织关系内；它通常要求员工参加大量的在职培训，以便在如此独特的企业环境中创造出优异成绩。

以立法为保障，建立推进机制，逐步推进教育事业发展；以企业为主体，注重企业内教育，形成职业能力开发系统。这一切造就了忠于企业、踏实工作、恪尽职守的日本工程师队伍，他们是企业的财富，是日本科技开发的主要力量。

（二）日本企业办学的特色分析

日本企业采取应届毕业生录用制度。在每年的新人招聘中，除了所学专业的大致符合企业要求之外，企业更看重新人踏实、勤奋、自信的基本品质和学习能力，进入企业后，通过一系列的教育、进修制度，积极帮助每一个员工开发符合自己个性的能力，为员工实现职业生涯设计提供服务。日本企业普遍认为学校不可能培养出企业所需要的职业能力，高素质的员工必须通过企业自己培训，才能胜任所有工作。从明治维新开始，日本的企业内教育已经有一百多年的历史，在不同的历史阶段对日本企业生产和经济发展发挥了重要作用。企业内教育目的是提高劳动生产率、获得产品利润、促进企业发展和员工个人成长。

由于日本企业员工，特别是技术人员的许多技能是在企业内培训出来的，同时技能的训练和掌握是在不同职能部门和不同职位之间通过轮岗实现，有助于他们在设计、制造和销售阶段展开密切的协作，造就了更适合特定企业的特殊技能（Kaoru，1996）。企业内培训是需要建立目标、制定培养计划、精心筹划、准备道具、结果评价和指导的培训，对于“技能传承”是一把解决问题的钥匙（柿内幸夫等，2011）。企业工程师无职能、专业之分，是生产现场的指挥者、熟练工人的师傅以及熟练工人。

日本企业对工程师的终身教育非常重视，除了传统的企业内教育，在各个企业中，出于对企业内工作的灵活性和工作人员福利的考虑，不少企业还针对四五十岁的员工开展生活设计讲习班（蛭田道春，2009）。日本退休预备教育主要以 55 ~60 岁以及刚刚退休 2 ~3 年的中老年人为对象，讲解内容主要包括健康管理、退休经济问题、遗产遗言等法律知识，大都采取集体研修、共同居住集训、讨论等方式进行，计划性强、因材施教、形式多样。

四　继续工程教育多元办学体制的国际比较分析

（一）多元办学体制的国家背景

21 世纪以来，随着世界各国调整经济结构、朝着市场化方向发展的趋势更加明显，使得工程师等工程科技人才成为各国核心竞争力的第一要素。许多国家，特别是发达工业化国家都开展了不同形式的继续工程教育，始终坚持多元办学体制，办学主体基本以企业、高校、政府、社会组织为主。然而，多元化办学体制的形成和发展，在空间上是一个多维的概念，在时间上是一个历史积淀的过程，在实践上是一个特色突出的活动。因此，虽然美、德、日三国继续工程教育都特别发达，但是它们的多元办学体制又各具特色，因具体国情及所处经历的经济状况不同而表现各异。

美国是工业化强国，市场经济发达，重视知识创新和技术创新，所以适应市场经济的需要，美国继续工程教育具有很强的商业性、实用性，能立竿见影地帮助工程师实现个人职业发展的需要，同时工程教育专业认证制度和注册工程师制度引导工程师的能力和素质不断提高，并使工程师的管理规范化。成本核算和教育收益是办学机构进行评估的重要指标，使培训的开展能带来可观的经济收益。以市场需求为调节杠杆，美国继续工程教育最具活力和创新性。

由于日本土地面积狭小、自然资源缺乏、民族单一，人的因素在日本企业中始终占有第一位。日本企业将东方传统的儒家思想导入企业管理中，家庭式文化氛围使企业员工亲密和谐、相互依存，使企业上下成为一个命运共同体。日本企业的教育经费没有独立核算，按需进行，一般没有后续收益计算。通过自我申报和目标管理，实施各种培训并对自我启发进行支援，进而使员工去挑战更高水平的工作，实现企业的经济效益。

继续工程教育发展的前提是多样化，多样化决定了办学体制的多元化，继续工程教育只有为工程师提供多层次、多样化的教育培训，才能满足经济发展建设对工程师的需求以及工程师个性化发展的要求。多元化办学体制是终身教育背景下继续工程教育发展的客观要求，也是继续工程教育向纵深方向发展的必然规律。

（二）多元办学体制的法律规定

发达国家在积极发展继续工程教育的同时，通过制定各种法律和规定，确立继续工程教育的地位和作用；明确政府、企业、学校、社会组织的权利和义务；规定政府、企业、学习者按比例分担费用以及重视学习质量评估；不断完善继续工程教育的长效机制。由于继续工程教育办学主体的多元化、办学形式的多样化以及投资渠道的多途径，相关的立法数量不断增多、法律所调节的范围不断扩大，继续工程教育的立法情况是了解继续工程教育在一个国家的地位、教育状态的重要依据。

法国于1971年颁布《职业继续教育法》，这是世界上第一部真正意义上的继续工程教育立法。“该项法令融合一系列的义务和自由创制权于一体，以有利于全体有活动力的居民都能提高其职业竞争力（多纳迪奥，1990）。”该法律规定职业继续教育由国家、企业、学校和地方团体共同负责，对企业增收职业训练税以及职业培训经费的规定。法国以法律形式明确继续教育是对国家、社会和经济进步的至关重要的投资，不仅使公立大学认识到必须参加和组织继续教育，而且对传统工业和中小企业开展继续教育有积极影响。

德国实行“双元制”为主体的职业教育，2005年颁布的《联邦职业教育法》是由1969年的《联邦职业教育法》和1981年的《职业教育促进法》修订合并后颁布的，是德国职业教育的根本大法，也是继续工程教育的根本大法。《企业基本法》是与职业教育法相配套的、具体对企业的相关行为进行规范和约束。此外，各专业部门还颁布了相关的条例、章程和协定，具体指导职业教育法的执行。由于各国对继续工程教育定义有所不同，以及各国教育体系的不同，因此很多国家没有专门制定完整的继续工程教育立法，但是在教育法律，或劳务市场法律中包含了对继续工程教育相关内容的规定。

继续工程教育办学主体各不相同，其施教机构在发展过程中分别为国家的某一部门所支持或管理，有些隶属于教育部门，有些从属于行业部门。同时继续教育投资涉及国家、受教育者所在单位、个人、继续教育机构四方面的投资数量和份额，以及受教育者学习后权利和义务等问题，使得继续教育与国家的管理体制、制度模型、激励机制、投资水平等方面都有密切联系。因此，继续工程教育立法是多元办学体制能够发挥效力的根本保障。立法与经济发展同步，完善组织协调机制、建立多渠道经费保障机制是世界继续工程教育立法的主要趋势。

（三）多元办学体制的经费保障

从各国的继续工程教育办学发展过程来看，大多数国家的继续工程教育都经历了从不被看好、获得认可、获得资助的发展过程。发达工业化国家建立了由政府统筹协调、各利益相关者合理分担学习成本的多渠道融资机制。由于各国的经济实力、文化传统、法律体系等因素各不相同，各国继续工程教育融资途径也是多种多样。

美国继续工程教育办学在自由化竞争的压力下，完全按市场调节，为了经济利益不断追求成本的最优化、管理的信息化，学费收入是资金的主要来源。同时美国继续工程教育是产学研合作中的重要一环，目标是建立技术人才培养体系，培育创新产品市场，因此产学研合作中各方都清楚地认识到人才培养的价值所在。由于工程师个人和企业的教育收益很高，使工程师以及企业都愿意将资金投入到继续教育中，教育投入和产出形成了良性循环。

德国金融体系完善，建立了政府基金、行业协会基金、国家资助、国际合作在内的社会化投入体系。依照法律，政府和企业是主要的经费承担者；此外，根据经费筹措对象的不同，设立不同形式的教育基金，通过金融投资的管理模式来有效管理和合理使用教育经费；最后是个人资助，即学习者自己出资参加教育培训。总之，政府、企业、社会组织和学习者要支付相当多的教育费用，但支付的方式多种多样，可以是直接的，也可以是间接的，例如教育休假、教育基金、“教育券”以及个人教育账户等。

由于继续工程教育的专业性以及技能培养的实操性，培训场地和设备的投资大以及运行维护成本高等因素，决定了继续工程教育办学所需投入资金数额巨大、人力和物力成本很高。继续工程教育多元办学体制改革促使多途径办学经费来源的形成，合理收取学费、形成多元的投融资渠道、建立多元化的经费资助体系，是解决继续工程教育经费问题的唯一途径。

（四）多元办学体制的理念创新

随着继续工程教育的发展，创新的理念和科学的方法不断显现，既深刻揭示和高度概括过去，又迅速指导当前和未来。近年来，金融危机对继续工程教育也带来不小影响，各国继续工程教育的发展都面临新的问题，创新办学理念，改变传统办学方式，才能获得新的发展机遇。

在美国，将工程师作为客户看待，为客户提供按需学习解决方案，已经成为办学者的普遍共识。一些办学机构将市场营销中的客户关系管理理论应用到工程师学员的管理中，建立客户信息管理系统，通过现代网络和通信技术为工程师职业生涯不同阶段的提升和发展提供长期的学习方案设计和学习指导。此外，对继续工程教育收益的持续关注也提升了继续工程教育的价值，在实现工程师个人职业发展需求、提升个人价值的同时，实现培训机构的经济效益。

在德国，作为制度创新的 PPP 模式，在中小企业的技术咨询和培训中发挥了重要作用。在 PPP 模式中，政府、中介组织、中小私营企业之间以合约方式形成多重委托代理关系。中介组织运用专业的项目管理优势，不只是单纯进行技术培训，而是按照整个项目周期，分阶段按步骤进行，技术人员的培训贯穿其中。在项目运行过程中，持续地整合各种培训资源以适应培训主题和环境的变化以及不确定因素的挑战，保障培训工作的高效、低成本地运行，不仅满足技术人员的学习需求，更重要的是实现中小企业技术创新的全过程跟踪服务。

没有任何一种教育能像继续工程教育一样将教育活动与经济活动如此紧密地联系在一起。当今经济和科学技术处在不断变化变革之中，继续工程教育也必须及时进行调整和创新，才能使所培养的工程师适应现代和未来社会发展的需要。理念创新是理论创新的基石，世界继续工程教育理论研究，分别由国际组织、高校、企业、科研院所以及个人以多角度、多渠道、多方法地开展，世界继续工程教育研究呈现出全方位、多元化、不均衡的特点。增强国际项目的合作、给予发展中国家更多的支持、加强国际学术交流，才能实现继续工程教育的理念创新，更好地促进继续工程教育的发展和繁荣。

（五）多元办学体制的服务宗旨

由于继续工程教育系统性、专业性决定了一个办学主体的办学活动不可能覆盖所有的行业领域，不可能所有专业训练都精准卓越，关键在于办学主体要根据自身的办学条件，针对特定的工程师群体，提供全程的、全方位的教育服务。发达国家的继续工程办学充分体现了以学习者为中心的服务宗旨，不仅对学习者职业生涯提供持续的知识更新，而且伴随着学习者的终身学习需要。

日本的企业内全面、高效、细致的人事管理在企业经营中占有重要地位，以提高员工能力水平为目的的教育训练系统和使员工充分发挥能力的组织机构及其管理制度构成人事管理的核心部分。通过一系列的教育、进修制度，积极帮助每一个员工开发符合自己个性的能力，为员工实现职业生涯设计提供服务，目的是激发“人”的能力和潜质，使企业上下成为一个命运共同体，形成企业的核心竞争力。

在德国，中小企业不仅在数量上占绝对优势，在创造就业、满足个性化需求、出口创汇等方面有不可比拟的独特优势。同时在市场竞争、融资、创业创新等方面又是一个相对处于弱势的群体，特别是技术、人才、培训等方面的服务需求强烈。德国构建了多层次、全方位的中小企业促进体系，联邦政府还与各州政府一起大力改善中小企业的整体生存环境，同时中介组织基于项目的培训模式为中小企业提供了全方位的技术服务，使中小企业更好地全面掌握新技术，全方位地了解新产品的研发、设计、投入生产以及所产生的经济和社会效益情况，进而对企业的发展规划做出决策。

在市场经济条件下，继续工程教育被认为是一种准公共产品，办学主体在很大程度上是这种准公共产品的“经营者”，而且继续工程教育不单纯是一次性的“教育活动”，它真正的含义是新技术、新知识、新技能转化为生产力过程中的一个重要环节，办学者必须树立强烈的服务意识，使学习者获得积极的、富有成效的、物有所值的学习体验。

（六）多元办学体制的战略规划

你的办学特色是什么？为什么你所服务的学习者会选择你？你与其他办学机相比，你的优势有哪些？面对复杂变化的培训市场，你是否有危机意识？这些问题是各国继续工程教育办学者普遍思考的战略问题。分析国外办学机构的发展战略和举措，可以看出通过满足工程师需求而形成鲜明办学特色，无论在发达工业化国家，还是在发展中国家，都有着生动体现。

在英美等发达国家，繁重的工作以及家庭的需要和社会责任使得工程师分配于教育和培训的时间越来越少，造成雇员采用传统的教育模式变得越来越困难，办学者将战略规划和经营管理等思想和理念融入办学实践中，将传统学习方式转变为线上线下等多种学习方式，提供成本更低、更有效的学习选择，变人数众多的集中学习为个别的自我导向学习。在先进的办学理念指导下，精准定位工程师群体，将优势的专业项目、通过高效的管理模式，为工程师提供最实用的教育，有效促进了工程师的职业发展。

在发展中国家，虽然面临着教育资源的供给和分配不足、种族、性别、阶级以及文化存在差异以及国际援助的不足等诸多共同困难和问题，但是发展中国家对工程师需求旺盛，在区域和专业类型方面呈现出特色发展趋势。印度经济发展为低种姓的职业发展提供了机会，生物科技、软件编程成为低种姓人向往的职业，印度最好的出口产品是软件工程师。1994 年南非建立国家资格认定体制（National qualification Framework，NQF），这是发展中国家中第一个国家资格认证体制，其中一个关键目标就是终身学习，在缺乏制度基础的条件下，国家资格认定体制在职业培训方面发挥着至关重要的作用。在巴西，独特的能源体系支撑着经济的可持续发展，收入再分配、生产技能培训和基础公共服务构成政府的三大扶贫政策。

继续工程教育不仅面临良好的发展机会，也存在着竞争压力和自身的不足，这些因素决定了继续工程教育战略规划和战略管理的重要性和必要性。从某种意义来看，发展战略就是创造差异并形成特色、打造品牌并形成优势的谋略；在战略指导下，通过一系列的管理过程，理性分析、谨慎规划、创新实施是继续工程教育可持续发展的关键所在。

第三节　我国继续工程教育多元办学体制改革发展走向

继续工程教育在我国是一个由多方主体参与的复杂社会系统，一方面要受到国家政治、经济、科学、文化等系统的制约，还要主动适应不断变化的外部环境以获得社会的认可和支持，另一方面要发挥自身办学功能，增强办学活力，提高办学质量，在这样的内外环境作用下，为经济建设培养和培训工程师。所以继续工程教育办学应该在国家人才战略规划指导下，服务于经济建设，发挥政府主导职能，避免多元主体的无序竞争、盲目扩张，形成统一协调的办学整体才能解决多元主体合理布局和统筹协调的问题。各个主体之间的关系也发生着深刻变化，彼此之间壁垒必将被打破，彼此关切必将建立，才能使继续工程教育的多元化发展成为可能，也就是高校、企业、专业协会、民办培训机构等多元主体要形成一个协调统一的、动态高效的、共享共赢的有机运作机制，才能从根本上解决经费短缺的问题，实现真正意义上的合作，进而树立鲜明的办学特色。此外，发达工业化国家多元办学体制各具特色，以市场为导向的美国继续工程教育为满足工程师客户的学习需求而不断创新办学形式，德国以“公私伙伴关系”模式为基础建立起的合作项目为中小企业工程师提供了全方位的服务。因此，从国内外继续工程教育的实践角度出发，多元主体协同办学机制的建立和有效运行是客观上的必然要求。

继续工程教育属于准公共产品，各方主体的办学行为是继续工程教育供给和需求不均衡状态下的适意行为。继续工程教育能够提高工程师的知识水平和技能素质，为社会提供教育服务产品，增强国际的经济竞争力。继续教育的教育收益逐渐得到国家、企业和工程师个人的认同，不断扩大的市场需求孕育着巨大的潜在利润，使各个办学主体产生获取利益的强烈冲动，成为多元主体协同关系建立的必然选择。继续工程教育多元主体办学折射着不同的社会组织形式，体现了不同功能分工和角色定位，从组织理论的角度而言，意味着从“单一高度集权组织”向“动态、松散的网络组织”的转变，组织成员更多地按照市场需求和项目管理结合起来，同时随着组织结构的转型，教育资源的配置方式也在发展着变化，由“分散独用”到“优化共享”。根据组织理论，在考察多元主体的组织结构选择时，可以寻求合理的组织形式，形成多元主体协同机制的组织保障。不同的主体对协同关系建立的意愿不同、承受也不同，也就是协同关系的建立存在着成本和风险，遵循风险最小化和利益最大化的原则，各个主体之间应该通过契约方式建立起平等的、合法的、规范的信任关系，使办学活动在规则约束下处于良性状态。以产权和契约为核心的委托代理理论，为协同关系的有效运作提供了值得借鉴的“游戏规则”，可以形成一种新型的激励约束机制。因此，准公共产品理论、组织理论和委托代理理论为继续工程教育多元主体协同办学机制提供了理论参照。

无论从实践发展还是从理论丰富的角度，继续工程教育多元办学体制改革之路已经十分明确，即“在审视国内外继续工程教育发展环境的情况下，建立多元主体协同机制，形成多样化办学形式，满足工程师学习需求”，这是我国继续工程教育多元办学体制改革的发展方向，是继续工程教育可持续发展的有效途径。

第四节　本章小结

在继续工程教育多元办学体制改革的“为谁办学”“谁来办学”和“如何办学”的三个基本问题中，“为工程师学习提供全方位服务”回答了“为谁办学”的问题，“多元主体办学布局初步形成”回应了“谁来办学”的问题。对于“如何办学”，必须首先认清我国继续工程教育办学体制目前存在的现实问题，然后解决多元主体办学问题，进而促进继续工程教育办学体制多元化改革。在“为谁办学”“谁来办学”两个基本问题调查研究和深刻理解的基础上，揭示我国继续工程教育多元办学体制存在的主要问题。

世界各国在经济全球化的背景下，对工业界和雇员各种层次的专门教育提出了更高的要求，各国的办学实践和研究不断向纵深发展，办学体制不断完善，办学模式不断创新，取得了很多宝贵经验。然而，具体到各国国情、政体、发展阶段，各国采取的方法和途径不尽相同。为了能够准确理解各国的继续工程教育以及全面认识各国继续工程教育办学实践，进而总结世界继续工程教育的办学经验和存在的问题，本书对美、德、日三国继续工程教育的多元办学体制的发展情况和办学特色进行了重点阐述，对世界继续工程教育多元办学体制的国家背景、法律规定、经费保障、创新理念、服务宗旨以及战略规划六个方面的规律和特点进行了比较分析和论述。最后对建立继续工程教育多元主体协同办学机制的诱因做实践和理论上的归纳分析，进一步明确多元主体协同办学机制建立的合理性和必然性。

第七章

继续工程教育多元主体协同办学机制内外动力

我国继续工程教育经历了三十多年的发展变化，在办学规模和数量上有了巨大的发展，多元办学主体的局面初步形成，办学质量和办学效益的提高必须依靠多元主体的协同创新，因为只有多元主体之间的合作创新、协调发展才是实现继续工程教育办学资源的优化配置、合理利用、有效整合的根本途径。继续工程教育的多元主体，以及所依托的支撑机构应该形成一个完善高效的社会组织体系，在内外动力的共同作用下，实现多元主体协同办学机制的成功运作，创新办学形式，进而提高办学质量和办学效益，推动继续工程教育的持续健康发展。

第一节　继续工程教育多元主体协同办学机制组织体系建构

根据组织理论，继续工程教育多元主体应该形成一个动态的、开放的组织系统，组织结构合理有效，并具有独特的组织特征和组织层次。随着时代的变化和竞争的日趋激烈，继续工程教育要进一步创新发展，多元主体协同办学组织必须在人员、结构和技术上进行一系列的组织变革，以适应环境的变化。继续工程教育多元办学主体以及相关办学参与机构，构成协同发展的组织体系，该组织体系与所处环境进行互动，促进继续工程教育办学发展，确定该组织体系的边界是研究多元办学主体协同机制的前提条件。“在组织为了形成竞争优势而建立新的组织形式时，对群间关系和群体间的边界管理以及动态变化做出正确评价十分关键（Neil et al，2003）。”

随着时间和办学条件的变化，办学主体以及办学主体之间组织结构关系的重要性越来越突出，而行政等级结构和地理位置的限制程度越来越低。继续工程教育办学活动大都是基于项目管理模式，项目管理具有一定的生命周期，项目组建和解散的间隔时间较短，所以更多地被看作一个临时组织。整个办学过程的安排和运作越来越依赖于专业培训小组以及跨职能部门的合作团队，这就需要组织利用各种机制改变组织构架以及人的行为模式，进行人员和资源的合理安排和调配，不断推出多样化、个性化的教育服务项目。

在我国，大多数继续工程教育办学主体不是单纯的教育机构或部门，也不是单纯的投入产出企业，办学活动的完成需要多个机构的参与才能实现。金融机构能提供多种金融工具，引导资金流向，提高资金盈利水平；网络技术机构能够提供互联网技术工具，建设网上学习平台，实现资源共享；社会力量的参与能够发挥市场媒介作用来协调多方关系。组织成员从自身利益出发，以契约合作方式结成风险共担、优势互补的松散组织，强调彼此之间能力和资源的互补，实现共赢，从而获取大于各自对立或独立所获取的利益。

互联网的发展给继续工程教育带来了巨大发展空间，也突破了继续工程教育办学的传统组织形式与管理模式，虚拟组织应运而生。虚拟组织的出现以实体的办学主体的存在为前提条件，并且需要对办学组织体系的边界重新进行认识。同时，信息技术解决了组织管理中的信息沟通问题，同时也带来了管理的复杂性、组织的多目标以及办学过程的高风险，对于这些问题的解决，需要建立办学主体各方基于信任的契约关系。

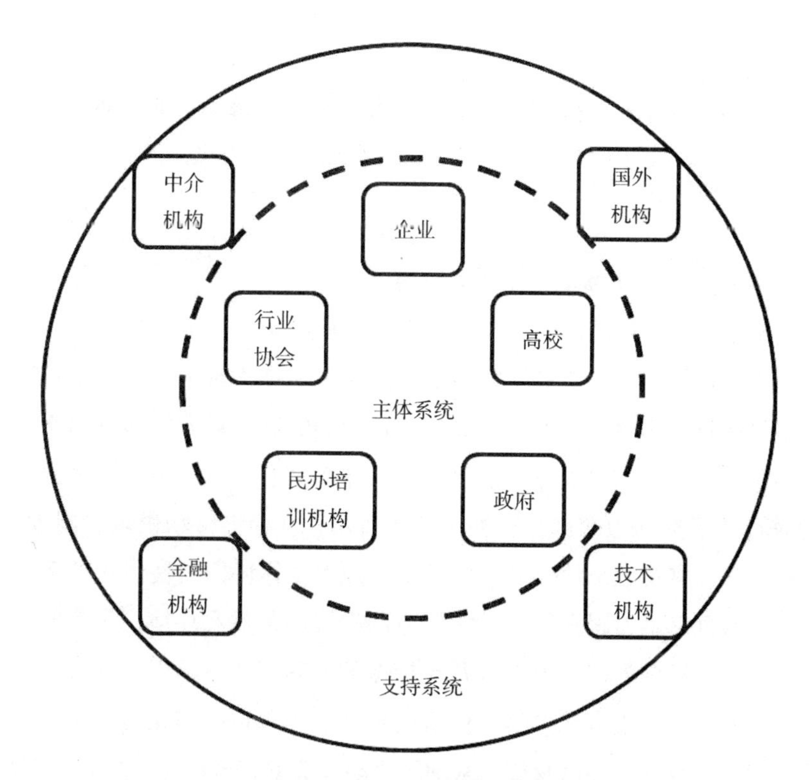

图 7.1　多元办学主体协同发展的组织体系

根据继续工程教育的办学特征和多元主体的特点，建立起多元主体协同机制的组织体系，如图 7.1 所示。整个多元主体协同办学机制的组织体系由协同主体系统和协同支持系统两个子系统组成，其中协同主体系统为多元主体协同组织体系的核心，由高校、企业、行业协会、民办培训机构等多个主体构成；协同支持系统为多元主体协同组织体系的保障，由中介服务机构、金融机构和网络运营等技术机构组成。该组织体系强调企业、高校、行业协会等多元主体的主体地位，充分发挥各自的特色和资源优势，形成教育创新的对接与结合，在中介组织、金融机构、技术机构的参与和支持下，实现办学质量和办学效益的稳步提高。

第二节 继续工程教育多元主体协同办学机制内外动力

一 多元主体协同办学机制内外环境

有效识别继续工程教育创新发展的根源，从组织视角确立多元主体协同组织体系的内外环境，特别是多元协同机制的动力所在，对于协同办学机制的建构和运行具有重要作用。动力是采取积极行动的关键，动力的形成源于各种办学驱动力量。根据多元主体协同发展的组织体系来看，可以将动力来源分为内部原动力和外部推动力两部分，如图 7.2 所示。其中，市场供求、制度环境、技术发展和经费来源四个动力要素构成多元办学主体协同发展组织体系的外部推动力，这些外部动力因素是办学主体协同发展的条件和环境，它促使良好市场环境的营造，制度规范的建立以及支持保障的确立，以形成全社会积极参与继续教育的氛围，促进多元办学主体协同创新的哺育。内部原动力包括战略规划、利益追求、发展需要以及员工激励四个动力要素，这些动力要素良性互动、共同作用，促使办学机构形成合力，协同创新、提高核心竞争力，进而形成办学优势。在内外动力共同作用，多元主体协同创新才有可能实现。

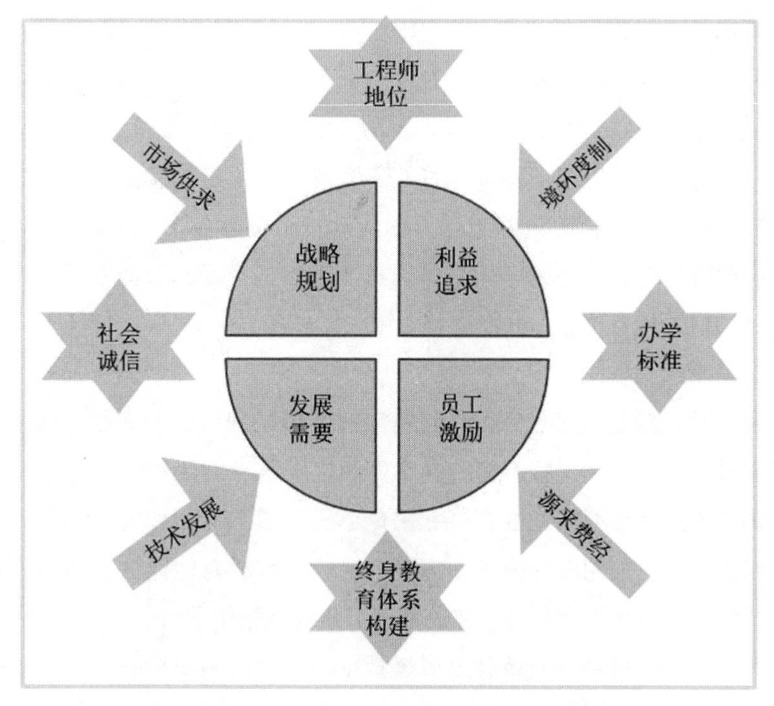

图 7.2　多元主体协同办学机制组织体系的内外环境

二　继续工程教育多元主体协同办学机制外部动力

（一）市场供求

在市场经济条件下，继续工程教育作为一种教育产品，它的生产和消费之间相互联系、相互制约的关系反映了继续工程教育的市场供求状况。目前，国家经济建设正处在提高创新能力、促进经济发展方式转变和产业结构调整的关键时期，对各类专业人才队伍提出了更高要求、需求将持续增大。同时，广大工程师有参加专业培训和继续学习的强烈愿望和迫切要求，而且学习需求呈现出学习内容的丰富多样、学习方法的个性化和信息化等特点，这些对继续工程教育办学规模、质量、效率都提出来更高要求。

继续工程教育的提供者，主要由工程师所在企业、高校、行业协会、民办培训机构等组成。虽然初步形成了多层次、多类型、多规格的继续工程教育办学网络，但是专业化、市场化办学机构的数量及其办学质量还不能够满足工程师的学习需求；办学发展不平衡，在地区之间、城乡之间、专业之间、企业之间都有所体现，特别是面向基层工程师的培训项目开展还比较有限；高、新、尖端化和前瞻性的学习内容缺乏、教育培训手段单一、远程教育尚未有效开展等问题使得多元主体要不断改革创新办学形式、谋求新的发展。

在一定时期内，继续工程教育将处于需求大于供给的状况。巨大的市场需求将会吸引更多的社会力量参与到办学活动中，刺激各个主体提高办学质量，获得相应的市场份额；促进多元主体通过研发新的产品，降低办学成本，树立品牌项目；加强相互协作，共享教育资源，发挥各方优势，共同满足市场需求。

（二）制度环境

制度环境一般是指社会公民共同遵守的办事规程或行动准则。继续工程教育的制度环境是指继续工程教育的办学体制以及与继续工程教育办学相关的法律法规体系。虽然继续工程教育多元主体已经形成，然而作为外部宏观治理因素，继续工程教育的制度环境尚不完善，继续工程教育法律法规体系尚在建设之中，继续工程教育多元化办学体制的改革正在探索中前行。

在我国的继续教育事业蓬勃发展过程中，在不同的历史时期形成了很多的法规文件，如表 7.1 所示。其中，1995 年人事部出台《全国专业技术人员继续教育暂行规定》是指导全国继续教育工作的一个重要文件，2007 年的人事部、教育部、科技部和财政部联合发布《关于加强专业技术人员继续教育工作的意见》进一步提出了以高层次专业技术人才为重点，开展大规模的继续教育活动的意见。在国家层面法规不断出台的同时，地方和部委的专业技术人员继续教育法规也得到制定和完善。目前，人社部一直在积极起草《专业技术人员继续教育条例》，而教育部也在酝酿力推《继续教育法》的出台。

2014 年，国家依法治国的重大战略部署开始全面推进，体现权利公平、机会公平、规则公平的法律制度将得到完善，保护产权、公平竞争、有效监督的市场经济秩序将得到加强。因此继续工程教育相关法律体系必将得到完善，多元化办学体制必将建立。从法律上确立在终身教育体系中继续工程教育的重要地位，进一步明确规定继续工程教育多元主体的责任和义务，加强各级各类专业技术人员继续教育的保障措施和激励机制，并且重视政策评估以及加强执法监督，将使继续教育事业得到规范、可持续的健康发展。

表 7.1 国内相关继续教育的法律法规文件

时间	标题	制定和实施主体	关键词
1981	科学技术干部管理工作试行条例	国务院/中共中央	科学技术干部
1987	关于改革和发展成人教育的决定	国家教育委员会	成人教育、大学后继续教育
1987	关于开展大学后继续教育的暂行规定	财政部、国家教委、国家科委、国家经委、劳动人事部、财政部、中国科协	大学后继续教育
1992	关于进一步改革和发展成人高等教育的意见	国家教育委员会	成人教育、大学后继续教育
1995	中华人民共和国教育法	人大	职业教育、终身教育
1996	中华人民共和国职业教育法	人大	职业教育体系
1998	中华人民共和国高等教育法	人大	学历教育和非学历教育
1989	天津市专业技术人员继续教育规定	天津市	继续教育
1995	全国专业技术人员继续教育暂行规定	人事部	专业技术人员继续教育
2001	"十五"西部科技培训纲要	科技部	科技培训
2002	关于进一步发挥行业、企业在职业教育和培训中作用的意见	教育部、国家经济贸易委员会、劳动和社会保障部	职工教育
2006	关于企业职工教育经费提取与使用管理的意见	财政部、国家发展和改革委员会、国家税务总局、国有资产监督管理委员会、教育部、科学技术部、劳动和社会保障部、人事部	职工教育
2006	干部教育培训工作条例	中央组织部	公务员
2007	关于加强专业技术人员继续教育工作的意见	人事部、教育部、科技部和财政部	专业技术人员继续教育
2007	关于进一步加强国家重点领域紧缺人才培养工作的意见	教育部、国家发展和改革委员会、财政部、人事部、科学技术部、国有资产监督管理委员	紧缺人才
2007	关于在重大项目实施中加强创新人才培养的暂行办法	科技部	创新人才
2010	国家中长期人才发展规划纲要（2010—2020年）	国务院	人才
2010	国家中长期教育改革和发展规划纲要（2010—2020年）	国务院	教育

（三）技术发展

教育技术对教育过程和资源进行设计、开发、利用、管理和评价，进而实现教学优化。计算机多媒体技术和互联网已经成为现代教育的技术基础；大数据时代的到来，促使一些传统的继续工程教育手段或教育活动形式逐渐消失，继续工程教育办学的形式与方式、办学的理念和内容以及人们对继续工程教育的价值判断都在发生着深刻变化。

网络技术和多媒体技术以信息的网络化、集成交互性以及虚拟性，打破了时空和地域的限制，使教与学成为一个交互和开放的过程。由此产生的网络化学习（e－Learning）实现了教育环境、教育内容和学习工具的数字化，使信息技术成为学生学习的认识工具。同时，信息技术也使教育管理从计算机管理向网络信息集成和在线支持决策发展，降低了管理成本、提高管理效率。因此，随着信息技术的发展，成熟的教育技术基础设施和高新技术支持将促使办学机构更新办学硬件条件，转变办学思路，适应新的学习需求。

“大数据”本身并不是一种新的产品，也不是一种新的技术，它描述了当今互联网数据的四个特性，即更大的容量、更高的多样性、更快的速度，以及由这三个要素促成的更高的价值。对于教育领域而言，“数据挖掘、数据分析和在线决策是利用大数据进行教育研究和评价的三个重要方法（Darrell，2012）。”因此，大数据时代将促使新型的在线教育平台的出现，教育培训将成为高科技公司创新和投资的重点，也将进一步促进现有办学主体之间以及办学主体与高科技公司之间的紧密协作。

（四）经费来源

我国继续工程教育经费来源主要分为二大类：一是财政性教育经费，二是非财政性教育经费。财政性教育经费包括财政预算内继续教育基建拨款、企业职工教育经费、各级政府征收用于教育的税费等。非财政性教育经费包括社会组织和公民个人办学经费、学杂费等。财政性教育经费比例的提高主要通过财政预算内教育经费和企业职工经费提取比例的提高来实现。非财政性教育经费的提供要通过制定鼓励和引导更多的社会组织和个人投资继续工程教育的政策来实现。

近年来，我国财政性教育经费虽然呈稳步增长态势，但是持续扩大的教育需求与有限的经费供给能力之间的矛盾仍然十分突出。根据我国的基本国情，在加大继续工程教育财政性教育经费的同时，还必须通过一系列优惠政策，调动社会力量投入继续工程教育的积极性，形成多元的经费筹措机制，才能保障继续工程教育经费投入，刺激继续工程教育的发展。改革捐赠制度和明晰产权制度，激励更多的企业组织和社会力量投资继续工程教育，积极开展国际合作和交流，引进国外资金和技术，扩大继续工程教育经费的总量；实现继续工程教育从粗放的数量、速度增长向集约的规模效益提升的转变，合理确定继续工程教育的布局、规范经费的使用范围、提高经费的使用效益。开源与节流并重，投入与产出并举，实现教育经费的精细化管理。

随着我国金融制度的不断完善，为不断满足办学投融资双方的需求，衍生的教育金融产品的种类不断增多。例如，设立教育基金就是通过教育金融有效筹措与管理教育经费的有效手段，所谓教育基金或培训基金，就是由社会、企业或政府提供资金的设立，由专业机构进行投资运作，投资收益用于资助继续工程教育办学、工程师参加培训的新型基金形式。通过专门投资机构进行教育投资运作，运用金融和信贷的手段，降低教育投资者的投资风险、提高资金收益率。教育金融作为教育经费投入的新形式，将在继续工程教育办学体制改革以及金融体制改革过程中不断完善并发挥重要作用。

三 继续工程教育多元主体协同办学机制内部动力

（一）战略规划

战略规划是根据组织的外部环境和内部条件制定组织的长期目标并将其付诸实践的一个过程。我国继续工程教育从最初的继续工程教育活动到目前的继续工程教育事业，各个主体或经历了我国继续工程教育的整个发展过程，或刚刚进入发展轨道，但是都面临着巨大的挑战和广阔的发展机遇。无论从教育事业的发展目标，还是国家人才发展指标的具体要求来看，国家都从战略高度上，确立了工程技术人才是国家人才资源的重要组成部分、继续工程教育是建设和培养专业技术人才的重要力量的战略规划。

在国家战略规划的指导下，多元主体要做好继续工程教育的发展规划，需要进一步明确继续工程教育的办学定位。对高等教育而言，高等教育的社会职能包括人才培养、科学研究、社会服务、文化传承。在高等教育不发达时，高等教育的主要任务是人才培养和科学研究，继续工程教育被边缘化，被定位于社会服务。在学习型社会、高等教育高度发达开放的今天，继续工程教育不仅仅是社会服务，也是高等教育的重要组成部分，是工程技术人才培养体系的重要组成部分。不是可做可不做、可做大可做小的事情，而是一定要做好的中心任务。对企业而言，在产业结构调整和技术创新的过程中，专业技术人才是核心关键力量。如果缺乏高素质的技术人才，企业就难以进行技术创新，难以提升企业竞争力，因此企业不仅是继续工程教育的办学主体，而且也是最大的需求主体。

多元主体要做好继续工程教育的发展规划，需要进一步明确继续工程教育的办学目标。继续工程教育的对象是工程师，工程师是国家经济建设的主力军，是企业的核心竞争力，为工程师发展服务，就是为国家建设服务，因此继续工程教育直接为国家经济建设和发展服务。继续工程教育办学规划要体现对工程师服务的宗旨。真正从工程师“干什么学什么、缺什么补什么”的现实需求出发，而不是为培训而培训。工程师的教育培训要体现个性化，有针对性地满足工程师在前沿知识、专业技能、管理水平、文化底蕴、人脉拓展等多方面的需求；工程师的教育培训要体现行业性，要体现国家经济建设的需要、工程师所处行业的发展规律和路径，使工程师的培训与行业发展、企业战略发展交互融合、相辅相成。

（二）利益追求

继续工程教育作为准公共产品，不仅具有重要的社会效益，从受教育者本人延及社会其他成员乃至整个社会；而且具有不可忽视的经济利益，特别是办学主体的经济利益必须得到满足。因为在市场经济条件下，追逐利益是经营者的天性，无论是以培养人才、促进经济发展为首要目的、还是以利润最大化为存在价值，获取利益是办学者的根本目的。如果办学者的利益诉求得不到满足，那么相应的办学条件和办学质量就得不到保障，最终受损害的是学习者的利益。

继续工程教育是一个成本很高的教育产业，而且是一种成本不断递增的产业。它必须反映当前最先进、最精尖的工程技术知识水平，配备先进的现代化实训设备和实训场地，需要具有高水平、丰富经验的教师授课，因此继续工程教育应该遵循受益者付费的原则，即教育成本按照一定的比例必须由个人、企业和国家共同分担。教育成本分担的基本原则有两个：第一，受益原则。简言之，谁受益谁就应当负担。第二，能力原则。教育投资的最终来源是国民收入，能力强者多负担教育投资，而能力弱者少负担教育投资。在计划经济时期，继续工程教育经费主要依赖国家财政投入以及工程师所在企业的教育经费，即学费主要由国家和企业承担。20 世纪 90 年代起，继续工程教育全面实行收费制度，学费开始由个人、企业和国家共同承担，但是分担的比例差别很大，应该根据具体情况，确定政府、企业和个人的分担比例，提高企业和工程师个人参与继续教育的积极性。

多元主体隶属不同的部门，经济性质不尽相同，有着不同的利益目标。高校是非营利性组织，开展继续教育和培训不仅仅是经济利益，更多的是教学科研能力的提高和社会效益的最大化。企业办学是为了得到自身发展所需的人才，以此增加产品的技术含量，扩展产品市场，实现企业利润的最大化。政府的责任是构建继续工程教育的公共服务平台，扩大优质教育资源的共享范围，对国家重点行业的紧缺人才的培养进行扶持，从而实现人力资源强国的目标。因此对经济利益和社会效益的追逐，是多元主体经营办学的根本目的。

（三）发展需要

对社会组织而言，生存是基础，发展是目标，中流击水，不进则退，发展才是硬道理。面对目前日趋激烈的竞争、产业结构的调整以及未来环境的变幻莫测，多元主体需要不断发展，一方面壮大办学实力、提高经济效益，实现办学目标，另一方面实现社会价值的认同感、取得成绩的成就感、责任感。我国继续工程教育办学经历了初步的快速发展阶段，面对新的发展形势，需要各个主体突破办学发展瓶颈，进入全新的深入发展阶段。

继续工程教育办学的人工成本、特别是师资成本逐年上升，导致培训产品价格的不断攀升，但工程师所能接受的价格能力有限，在缺乏有效价格调控机制的条件下，多元主体要最大限度地降低成本。一方面深入研究工程师的学习需求特性，更加深层次挖掘工程师及其所在企业的需求，逐步从“名校、名师、名课程”等为优势和重点的讲授型普及式培训向提供学习、交流、咨询等多功能的服务型定制式培训转变；另一方面充分发挥互联网等信息技术的优势，通过远程教学、网络课堂、手机点播等方式为年轻工程师提供更便捷的学习服务。

由于继续工程教育的专业特点，使得各个主体在长期发展过程中形成了一定的教育资源的积累，在各自的专业培训领域具有一定的经验，各个主体在社会影响力、行业特点、区域分布和办学特色等方面具有较大差别，但是面对巨大的市场供需空间，任何一个主体都不可能具有独立的完成能力，只有通过从单一到多元、从松散性到渗透性的深度合作，才能解决教育资源不足、招生困难、专业管理人才缺乏、经费短缺等问题，通过各种交流合作、协同配合，才能形成规模效益，实现共同发展。然而，协同发展是一个复杂的系统工程，它涉及社会的各个方面，不仅包括多元主体之间的协同、也包括多元主体与其他社会组织，如金融机构、中介机构等等的协同，需要社会各方面的支持和努力。

（四）员工激励

继续工程教育不同于传统的学历教育不同，学习对象是已经走上工作岗位的工程师，办学行为是以市场需求为导向而展开。因此，招生不是学生找学校，而是学校找学生；教学不是老师教什么，学生听什么，而是学生要什么，老师讲什么；基于项目管理的办学过程，需要全程的策划、组织、安排和跟踪。因此继续工程教育员工队伍的专业管理水平以及能动性在继续工程教育办学过程中起着至关重要的作用。建立合理的员工激励机制，激发员工的内心精神力量，有利于员工树立理想信念，理解以服务为核心的管理程序，明晰工作职责，保障教学培训工作的顺利实施。

继续工程教育是紧跟时代要求的创新教育，要求实施者的思想观念、知识结也能够顺应变化，不断创新。继续工程教育的从业人员应该是职业化的专业管理人员。继续工程教育员工职能从传统的培训者演变为培训计划的设计者、工程师的学习顾问、培训活动的管理者，继续工程教育员工应该对市场需求具有高度的敏锐性，能够遇见培训项目的发展趋势，保持常新的思维状态。因此，多元主体重视员工的教育和培养，营造员工的专业化培训和发展的良好的环境，才能使办学培训队伍达到时代的要求，培训项目才能受到社会的欢迎，培训品牌才能具有核心竞争力。

由于继续教育办学机构的编制、体制的原因，大部分员工是非事业编制，属于合同制，在待遇、晋升职称、聘任职务等方面差异很大，而且员工普遍比较年轻，生活压力大，普遍缺乏归属感、流动性大，使员工队伍建设困难重重。随着继续工程教育的规模逐年扩大，教育层次不断提高，通过建立完善的绩效评价体制和晋升机制，可以充分调动员工的积极性，实现优胜劣汰；疏通员工的晋升通道、拓展员工职业发展空间，可以激发员工奋发上进的正能量，增强职业成就感。

第三节 影响继续工程教育多元主体协同办学机制建构的阻力

多元主体的协同发展必定有很多不确定性因素，存在一定的阻力，分析和认识阻力的来源，把握阻力的变化趋势，能够提高对多元主体协同发展环境复杂性的认识，及时抵御风险和解决冲突，进而化阻力为动力，使继续工程教育办学朝着良好态势健康发展。

一 工程师社会地位偏低

现代工程塑造现代经济社会的物质面貌，工程师在现代经济建设中发挥着无可置疑的关键作用，也为自己赢得了一定的社会尊重和社会地位。然而，随着社会进程的发展，工程师、特别是一线基层工程师的社会作用越来越不被理解，工程师职业越来越未能成为吸引优秀青少年的职业，工程师社会声望不高、从业地位偏低的状况令人担忧。目前，我国专业技术人才断档问题突出，年轻的高技能人才更是严重短缺；人才分布不平衡，经济发达地区较多，偏远落后地区偏少，在大中型国有企业的较多，中小企业和民企偏少。此外，从工程师自身方面来看，大多数工程师隶属于不同的工业企业，企业员工的身份使“为企业工作”成为工程师的一种重要职业责任，这种职业责任难以避免地使工程师在实现自己职业规划和企业发展之间产生一定矛盾，学成后“跳槽”、不再安心工作的现象时有发生，造成一些企业对工程师培训的投入有所顾忌，将工程师送出去培训变得十分“谨慎”。因此，一方面由于社会舆论导向缺失、经济待遇低、工作环境艰苦使工程师价值难以体现，另一方面工程师队伍中存在的职业道德混乱、职业责任感不强等弊病，造成工程师的社会地位问题不可能从根本上得到解决，也不可能真正调动企业参与教育培训的积极性。这种状况不改变，将会给继续工程教育办学带来很大阻力。

二 社会诚信体系严重缺失

“人无信不立，国无信则衰”，老子的这句名言道出了千百年来社会伦理的最高境界。显然，诚信是一个人立足社会的前提，是一个企业立足市场的根本，是一个国家立足世界的基石。中国社会正处于转型时期，由于现实社会经济体制改革的巨变，市场经济的快速发展使得追求经济利益成为某些人或某些企业的唯一目标，社会政治体制的改革远远赶不上经济改革的步伐，还没有形成强有力的市场监督机制对利益格局进行有效的监督和调控。人们的价值观念和道德准则也受到了巨大的冲击，使得某些办学者在办学过程中存在严重的诚信缺失。由于教育培训准入门槛相对不高、但发展前景看好，导致继续教育市场鱼龙混杂，虚假宣传、贴牌招生、"作坊式"办班等违法违规现象时有发生，成本低廉、信誉低劣的办学机构干扰着正常的市场秩序；E－learning 在给学习者带来方便、快捷和灵活学习方式的同时，服务质量低下、网络欺诈等问题使学习者在选择网上学习时顾虑重重。同时，由于网络的虚拟性使得学习者的身份难以辨认，使得人们对学习效果的真实性产生怀疑。诚实和信任，在办学主体利益关系协调和办学秩序重建的过程中，是一个不可或缺的前提条件。如果缺少诚信这一社会基本准则，将会造成继续工程教育办学秩序的混乱，而且会严重损害继续工程教育办学主体的公信力和对学习者的吸引力。社会诚信体系的形成，是一个复杂的、渐进的过程，需要全社会所有民众坚持不懈的努力。

三　终身教育体系尚未完善

随着知识经济时代的发展，构建终身学习体系，创建学习型社会成为全世界教育发展的重要趋势，终身学习已经不再是思维层面的观念或原则，已经开始转换为付诸行动的实践和运用。在我国，建设终身学习体系和学习型社会的国家战略决策和实践进程已经开始启动。然而，我国终身教育体系中各种教育形式的分类缺乏清晰的标准和界限，存在多种划分方法，而且各类别之间存在相互交叉。例如，作为工程师终身教育重要组成部分的继续工程教育，就有成人教育、大学后教育、专业技术人员继续教育、成人培训等多种提法。各级各类教育形式融入终身教育体系中，不是简单的相加，而是应该相互贯通并形成有效衔接，使终身教育真正成为贯穿人一生各个阶段的、维持和改善社会生活质量的教育。其中以工程师等职业人才的职前、入职和职后的教育和培训应该是目前我国终身教育体系中需要构建的重要教育层次和类型。此外，在终身教育体系构建过程中，社会中介组织的培养和发展应该得到足够的重视。因为遍布城乡、服务基层、贴近社区的社会中介组织在推进终身教育发展过程中承担着重要角色。随着政府职能的进一步转变，行业协会、社区组织和其他社会团体等中介组织的作用将得到强化和彰显，更多地参与到继续工程教育活动中，在政府、办学者、学习者之间发挥服务、沟通、协调和监督等重要作用。

四　办学标准严重缺乏

近年来，我国继续工程教育发展迅猛，培训规模不断扩大，培训数量不断增加，出现了各种各样的办学机构层出不穷。然而，现有的教育法规并没有对继续工程教育的办学标准做出明确规定，高校为主体的办学标准依托的是学校教育，企业为主体的办学目标是企业的需要，社会力量办学根据不同的办学类型、办学审批分属教育行政部门和人社部门，存在政出多门、多头审批的现象，对办学主体的收费问题更是缺乏必要的定价指导，造成高收费、乱收费的现象屡禁不止。办学标准的缺失，造成行政部门由于缺少制度工具而疏于管理甚至从中获取利益的现象，不能有效地监督办学机构的办学质量；一些社会力量办学趁机通过不正当途径获取办学资格，搭起“草台班子”办学，采取游击战术办班，使得社会力量办学的活力“异化”为办学行为的盲目性。因此，缺乏继续工程教育办学标准，如准入标准、评价标准、奖惩标准，将影响继续工程教育办学市场的有序公平竞争。只有建立了科学合理的办学标准，得到多元主体及其参与者的关注、认同和支持，多元主体才能按照办学标准规范办学、改进自身的办学行为，进而提高办学质量。此外，办学标准的设立与实施，能够使各个办主体准确认识自身的优势和劣势，有利于多元主体的协调发展、促进不同主体之间的交流与合作。

第四节　本章小结

继续工程教育多元主体的协同发展是各个主体之间相互联系、相互影响、相互制约，进而实现共同发展的过程。多元主体协同办学机制是在谋求多元主体共同发展中的平衡，而且由于协同办学机制本身是由一个组织体系所构成的，在这个组织体系中有多个子系统产生不同的运作功能以保证整个体系的协调平衡，所以要建构设计多元主体协同办学机制，必须首先对多元主体协同办学的组织体系及其边界进行界定，在此基础上分析协同办学机制的内外影响因素。

由于影响多元主体协同办学机制的因素非常复杂，并且各影响因素处于不同的层次上，对多元主体的协同以及办学效果产生不同的影响，而系统动力学在思维模式上注重多元主体协同系统的内部和外部关系、整体和局部的关系、各个主体之间的差异和相互影响，所以运用系统动力学的原理和方法进行动力分析，从应然和实然的视角，将动力因素分为内部原动力和外部推动力加以论述。此外，多元主体的协同创新是一个动力与发展相匹配的过程，存在很多不确定性，原有的动力和优势可能消失，甚至变成阻力，需要在发展过程中不断积极引导和治理，形成动力与发展的动态循环。

第八章

继续工程教育多元主体协同办学机制建构

“注重在实践和人的活动环境中得到洞察力的重要性是主观主义范式丰富教育规划模型的一种主要方式（Adams，1988）。”继续工程教育多元主体协同办学机制的构建和运作是一个复杂而又渐进的过程，然而面对激烈竞争的挑战，继续工程教育多元主体只有不断进行改革，形成合力效应，才能促进共同进步，获得良好效益。继续工程教育多元化办学体制的改革、进步和发展的动态运行，其本质就在于通过继续工程多元主体协同办学机制的建构、运行和不断完善，进而推动继续工程教育事业向纵深方向发展。“权威”建立在合作和理性的基础上，“组织价值观”是一套建立在共赢与民主之上的新观念。

第一节　继续工程教育多元主体协同办学静态机制设计

一　继续工程教育多元主体协同办学机制基本框架

在继续工程教育多元主体协同机制的组织系统边界确立之后，为了顺利实现继续工程教育的多元化办学，必须在组织系统的基础上，建立有效的协同办学机制，通过优化组合和高效运行，创新办学形式，实现继续工程教育的健康持续发展。通过多元主体协同办学机制的成功运作，继续工程教育各个主体之间以及多元主体与其他相关组织机构之间围绕继续工程教育战略发展目标，针对工程师个别需求和群体需求，以制度和契约为纽带，共享资源、高效办学、促进整体协调发展。

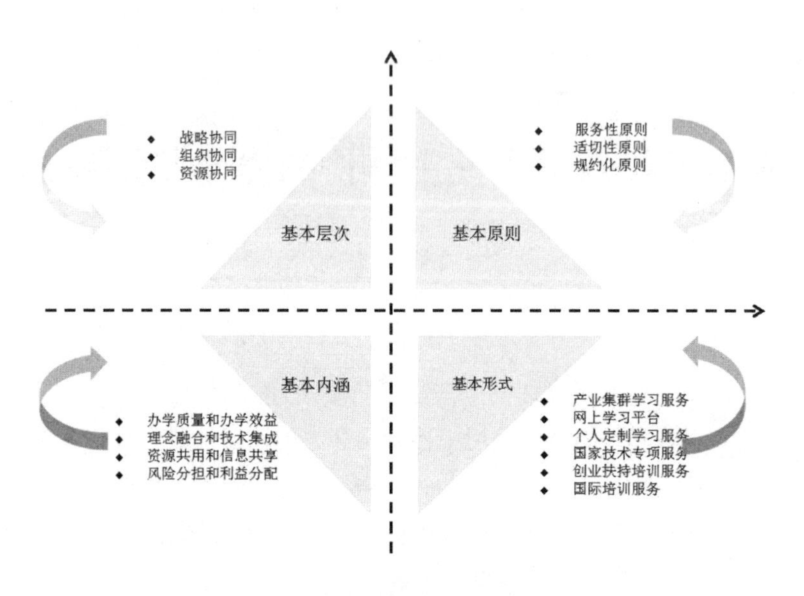

图 8.1　多元办学主体协同办学机制的基本框架

继续工程教育多元主体协同办学机制的框架设计不仅需要制定协同办学机制的基本原则，明确协同办学机制的基本内涵，而且强调架构的层次性，办学形式的多样性，由此构建起各个主体之间以及与整个开放系统之间的动态联系。框架设计包括基本原则、基本层次、基本内涵和基本办学形式四个基本环节，以及由此形成的十六个框架设计要点，如图 8.1 所示。

不同于正规学历教育，继续工程教育办学主要以培训项目的方式进行，项目针对性强、专业化程度高、动态变化快，所以多元主体协同办学机制的框架设计应该符合项目管理的专业要求和技术要求。此外，多元主体协同办学机制的建构和运行应该适应我国当前的政治经济形势，谋求一种动态发展中的平衡，促进整个继续工程教育组织系统向稳定化和标准化发展，促进继续工程教育多元化办学体制的建立与完善，促进继续工程教育的持续稳定发展。

二　继续工程教育多元主体协同办学机制基本原则

要发挥继续工程教育多元主体协同办学机制的功能和作用，必须在协同办学机制建立之初确立需要坚持的标准，规定框架结构设计的方向。继续工程教育多元主体协同办学机制的基本原则是每个主体协作的基础规范和根本规约，是继续工程教育多元化办学的基本信条和准则，也是继续工程教育办学从单纯的经验性归纳总结开始向注重规则的理性演绎方向发展的客观要求。

（一）服务性原则

按照准公共产品理论，继续工程教育属于准公共产品。在公共选择机制和市场机制的共同作用下，应该形成有效需求和有效供给，最大化工程师的教育受益。继续工程教育办学质量的高低，既影响工程师的学习效果以及可能获得的收入水平，而且影响工程师及其所在企业对教育培训的投入决策。工程师学习需求及其规律是制约和影响继续工程教育办学和发展的重要因素。只有实现工程师教育收益的最大化，才能刺激政府、企业、工程师个人的教育消费，促进继续工程教育和经济发展的良性互动。

继续工程教育办学应以工程师学习需求为导向，把为工程师提供优质的教育服务为首要原则。要满足行业企业的用人需求，提高企业的提升核心竞争力；要满足工程师的学习需求，提高工程师个人的职业能力和职业素质；还要满足国家经济建设的需求，加强人才资源能力建设，培育高素质工程技术人才。如果没有工程师个人的学习，没有学习型企业的建设，也就不可能实现可持续的经济发展。因此要以国家、企业、工程师个人三大利益群体的需求为基点，按照需求导向建立多元主体协同办学机制，在制度层面予以支持并逐步建立积极的长效机制。

继续工程教育多元主体必须树立强烈的服务意识，工程师是办学主体的客户，他们通过购买教育服务产品用于提升自身能力。工程师客户的需求非常广泛，对教育服务的价值认知也非常精准。所以多元主体要建立以客户为中心的协同机制，而且借助互联网技术和应用软件系统，实现组织结构的调整和业务流程的改造。将市场营销的一些客户关系管理模式应用到办学管理过程中，实现客户的差异化管理，细分客户群体，例如大客户、高端客户、关键客户等；实现客户的精细化管理，使客户在学习前、学习中和学习后都能得到全过程的优质教育服务。特别是随着在线教育的发展，客户关系管理有着更广阔的应用空间，能够提升教育服务的深度和广度。

（二）适切性原则

我国继续工程教育起步较晚，多元主体的形成和确立反映了具体国情特点和继续工程教育历史发展的必然。继续工程教育不仅具有成人教育的成人性和复杂性，而且与我国工程师生存状况、管理制度和激励机制有着紧密联系。所以继续工程教育办学既要体现我国工程师的特点和现状，又要能准确预测人才需求的市场趋势；既要尊重多元主体现有的行政隶属关系，又要超越传统组织体系体现现代组织发展趋势。

继续工程教育协同办学机制不是盲目最求时髦或迎合市场的短期行为，而是体现国家、企业、工程师个人对继续工程教育办学的期望与继续工程教育办学者的行动之间的高度契合，也就是多元主体协同办学机制的适切性原则。它包括社会适切性和个人适切性两个方面。社会适切性主要是指多元主体的关系协同和资源整合要适合我国的行政组织隶属的特点和具体情况，真正实现资源的有效利用，避免重复建设和资源浪费。我国继续工程教育多元主体的行政隶属关系比较复杂，有隶属教育行政组织的办学机构、有隶属行业、专业部委的办学机构，还有隶属各级人社部门的办学机构，有些办学机构虽然隶属同一行政组织，但管理体制也不尽相同。政府机构改革和经济体制改革给继续工程教育带来发展机遇的同时，也使继续工程教育办学者面临一些挑战，只有顺应目前行政体制改革和经济体制改革的形式，进一步加强政府统筹和协调能力，才能真正建立起高效合理的多元主体协同办学机制。个人适切性主要是指协同办学机制的建立要在工程师学习异质性的基础上体现各种办学形式的独特性和差异化，使工程师学有所用、学有所获，避免工程师的过度教育。由于工程师客户在年龄、职业、职称、职务、个性、家庭等各个方面的差异，他们学习行为上的差异性很大，这些因素会导致学习结果及其所创造价值的不同。因此，根据工程师群体和个体的不同需求，构建不同主体之间不同的协作关系，才能提供真正适合工程师的办学形式，满足和超越工程师的期望。

（三）规约化原则

继续工程教育多元主体协同办学机制突破传统的组织管理方法，各成员保持着各自的独立性，为了共同的市场机会而结合在一起，彼此的信任是协同办学机制发挥作用的必要条件。多元主体及其相关机构在相关利益得到认同的基础上，创设有效的制度和契约，所有组织体系内的成员在开展办学及其相关活动时都必须遵守这些制度和契约，才能实现协同目标，分享协同成果，这就是多元主体协同办学机制的规约化原则。从某种意义上讲，协同机制是由规约造就，并通过规约得以维护和维持。

继续工程教育多元主体协同办学机制以联席会议制度为核心。联席会议制度屏蔽了我国行政制度体制的不完善，是协调多方行政主体之间行动和事务的有效机制，体现了公众参与、民主行政的理念。继续工程教育多元主体的联席会议以人社部为牵头单位，成员有企业、高校、行业协会、民办培训学校等继续工程教育多元主体的负责人以及教育部、财政部等相关部门负责人组成。每年一次例会，根据工作需要，可以召开全体或部分成员单位的联席会议。联席会议制度的目的在于促进多元主体之间的相互支持和有效合作，实现资源共享和高效办学。参加联席会议的成员无隶属关系，依靠行政主体的合作力和诚信度来履行各自的责任义务。

按照委托代理理论，继续工程教育多元主体协同办学机制应该以各成员之间建立契约关系为原则，各成员之间双重或多重的契约关系是一系列信任关系的建立，建立的状态取决于委托方和代理方不同的信息状况，由此形成完全契约、不完全契约等契约关系。契约关系应该确立各成员在协同办学项目中的准入条件、费用分摊、冲突协调、服务细则、利益分配等。在多元主体协同发展所形成的开放办学组织中，强制的力量和规范的力量将发挥重要作用，使多元主体真正成为办学关系共同体，构建办学具体规范，促进各方的有效合作和合理变通，促进风险预防和及时规避，有效规制多元主体的办学行为。

三 继续工程教育多元主体协同办学机制基本层次

继续工程教育多元主体协同办学机制从上向下依次包含战略协同、组织协同和资源协同三个基本层次，每一个基本层次都有其基本特点和基本要求，而且上下层次之间存在相互联系，战略的确定要符合协同办学机制的使命，组织的形成有助于达成目标，资源的共享在组织的指导下进行，即上层对下层具有指导作用，下层对上层具有支持作用。

（一）战略协同

战略是最高层次的管理活动，促使组织与环境保持高度的适应性，并通过一系列策略来运作。战略协同是多元主体进行多元化办学决策的重要依据，能够使多元主体在资源共享的基础上获得更大的发展空间。虽然各个主体的办学情况千差万别，利益诉求点不尽不同，但是多元化主体整体协同的价值应该大于各办学主体独立价值的简单总和；通过协同后显现办学整体效应，使办学整体功能成倍增长，并远远超过各个主体办学功能之和。

由于继续工程教育多元主体协同办学机制组织结构的开放性和网络化，使得制定战略的主体更加多样化，现代信息传播方式决定了每一个办学成员都是网络系统中一个信息传播结点，权威决策不再是信息传播中心，每一个办学成员都有机会参与协同办学战略决策的制定，同时又是协同办学战略决策的执行者。因此，战略协同应市场需求而发起、由多个成员参与而制定，对外根据不同的战略目标而选择不同的协同办学形式，对内消除阻碍、优势互补，最大限度地提高资源利用率，形成独特的竞争优势。多元主体对协同理念、价值观和社会规约的认同对战略决策的制定和实施会产生重要影响。

（二）组织协同

在继续工程教育多元主体协同办学机制的组织系统中，协同主体系统中的高校、企业、行业协会、社会力量等多元主体是核心主体，它们是实现协同办学的关键力量，协同支持系统中的金融机构、技术机构、中介机构是办学的辅助主体，它们是实现办学发展的支撑力量。在目前继续工程教育的发展阶段，政府的作用比较特殊，它既履行公共行政职能又是办学主体，这是由继续工程教育的公共特性所决定的，同时与我国的基本国情有关。多元主体协同机制组织系统的复杂性决定了以往“点对点”的合作模式已经不能适应多元办学体制的要求，办学组织系统不仅是开放的系统，而且呈现网络化结构。

网络组织结构的连接方式因办学目标和项目特点的不同而形成不同的组合，每一个主体都应该努力嵌入到网络结构中，找准自身在网络中的结点位置，通过不同连接路径，使网络化组织的协同办学效应最大化。在我国计划经济向市场经济体制转轨过程中，基于政府行为的协同链接关系和基于契约纽带的协同链接关系同时存在，由此形成了多元主体组织系统中不同连接形式的存在。动态化、柔性化的立体办学网络结构，打破现有的行政组织壁垒，对市场需求变化有更好的适应性和灵活性。

（三）资源协同

教育资源质量的优劣、数量的多少以及利用率的高低是继续工程教育办学的重要基础和条件，在很大程度上制约着继续工程教育的发展规模和速度。目前，由于工程师需求千变万化、专业技术发展迅速给各个主体造成巨大的竞争压力，继续工程教育办学对优质继续工程教育资源的依赖程度越来越强，对专业化分工和专业化管理的重视程度越来越高，各个主体普遍意识到除了充分发挥各自的内部资源效用外，需要通过优质教育资源的共享和专业化的分工合作获得更多更好的发展机会。资源协同就是在多元主体协同机制作用下，使各个主体能够有效获取外部资源，充分挖掘内部资源，提升整体竞争力。

资源协同在继续工程教育多元主体协同办学机制中处于基础性地位，它主要包括三方面的内容。首先，一些有价值的教育资源，如实训基地、实训设备设施，特别是大型、重型设备，常常是稀缺的，有限的资金难以模仿或直接替代，通过共用这些资源可以提高资源利用率，减少人力、物力和财力的浪费。其次，不同的主体办学优势不同，有的具有雄厚的专业培训实力，有的具有强大的客户资源，有的品牌推广经验丰富，通过有效整合各个主体的不同优势，实现办学形式的无缝对接，推出创新的教育产品和服务。最后，许多外部支持机构由于专业化程度高、具有更有效、更便捷地完成某项业务的知识和技术，愿意通过协作提供专业服务，产生规模效应，进而获利。多元主体可以在不增加成本、甚至降低成本的前提下，把自己不擅长的业务交给更专业的机构去做，双方都更加注重有限的资源的高效利用，各有侧重，各尽所长，实现双赢和多赢的效果。

四　继续工程教育多元主体协同办学机制基本内涵

继续工程教育多元主体协同办学机制的基本内涵体现了全新的继续工程教育办学理念，是对继续工程教育协同办学目标、价值取向、实现路径及其相关问题的诠释，任何办学实践活动都是对办学内涵进行选择的结果。所以继续工程教育多元主体协同机制有其特定的内涵，继续工程教育办学实践活动是其内涵的具体表现。

（一）提高办学质量和办学效益是根本

我国继续工程教育已经有三十多年的历史，得到了快速发展，积累了很多成功经验，然而在新的历史时期，面对国内外新的经济形势，虽然多元办学主体布局基本形成，各类各级继续工程教育办学机构比比皆是，但是办学质量高、办学效益好的办学机构并不多。继续工程教育教育资源分散、师资力量薄弱的问题十分严重。此外，由于培训市场规范性差、专业化管理缺乏，造成培训项目繁多而精品太少，盲目开班而效果不佳。因此，通过建立多元办学主体协同机制，实现继续工程教育办学质量和办学效益的提高。然而，办学质量和办学效益的提高是一个漫长的过程，除了政府的有效监管外，各个主体之间的协同发展能够发挥重要作用，多元主体协同办学机制的建立，使单一封闭、各自为政的独立主体走向开放联合、彼此协作的办学系统，它不仅仅是办学组织形式的变化，而是在此基础之上对各个主体的办学行为、资源利用以及管理效率提出了更高要求。在继续工程教育发展过程中，各个主体形成了各自不同的办学条件和办学特色，在资源利用、培训管理、市场拓展、品牌建设等众多方面各有优势，多元主体通过建立优势互补的办学伙伴关系，从独立办学走向融合办学，重新配置教育资源、完善培训管理，共同积极应对市场变化、树立精品培训项目，从而提高办学能力和办学水平，降低办学成本、提高办学效益。

（二）理念融合和技术集成是保障

继续工程教育多元主体协同办学机制的建立涉及多个主体以及多个办学支持机构，但是继续工程教育多元主体协同机制并不是这些主体和支持机构的简单聚合或拼凑，各成员之间理念的融合以及技术的集成是继续工程教育多元主体协同机制发挥作用的重要保障。继续工程教育办学主体呈现多元化态势，行政隶属关系、办学特点和性质都不一样，因此不同主体从自身利益出发对协同办学机制有着不同的价值诉求，需要达成共识。例如，在教育部的倡导下，继续教育城市联盟、校企联盟的工作方案已经初步形成，政府、高校、企业等对于协同合作达成了一致认识，但是基本停留在专题研讨、总结报告的层面。各个主体需要突破组织、制度、利益分配等方面的限制和束缚，要超越现行的行政体制，建立起联席会议制度以及多元主体之间契约关系的深度合作办学关系，集中优质资源、汇聚各方专业力量，并借助现代科技、特别是互联网信息技术的力量，实现无缝化对接的动态办学管理机制，促进教育、人才、行业之间的有效衔接，真正使继续工程教育服务于行业企业，服务于社会经济发展。多元主体协同发展既是多元主体创新办学理念的追求，更是办学实践活动和实际行动。

（三）资源共用和信息共享是支撑

继续工程教育主要是针对工程师专业技能的训练以及专业素质的培养，所以对开展教学和实训活动所必须拥有的教育资源提出了较高要求，资源共用和信息共享是协同创新开展办学活动的有效支撑。继续工程教育所需的教育资源可以分为有形资源和数字化学习资源两大类。有形资源一般为大学、大型企业所拥有，建设成本高、周期长，维护和运行费用较高。对于这些资源，并不是每一个办学机构都有能力建设和维护，应该通过专管共用的方式来提高场地和设备的利用率，避免培训基地的重复建设，减少大型设备和场地的闲置与浪费。数字化学习资源是指经过数字化处理，可以在网络中共享的多媒体学习材料和学习工具。当前，数字化学习资源的独特优势越来越引起工程师群体的关注，成为年轻工程师获取知识、提高技能的重要选择之一。我国已经投入了大量人力、物力和资金开展数字化学习资源的建设，形成了海量的数字化学习资源库，但是高质量的继续工程教育资源较少并且分布不均，需要多方参与、共同建设，通过专业化管理实现多元主体之间的互联互通，形成数字化学习资源的共享通道，缩小资源需求和供给之间的差距，推进继续工程教育的教育内容、教学模式和学习环境的创新。

（四）风险分担和利益分配是关键

由于继续工程教育多元主体协同办学机制是多元主体以及相关专业支持机构共同参与形成的，继续工程教育多元主体协同机制的运行是一个市场、教育资源、技术和专业化管理相交融的复杂过程，各参与主体分别具有不同的组织性质、价值取向、资源状况，使得战略目标的实现存在很多不确定性，相比单一主体的办学活动，多元主体协同办学存在较大的风险不可控性。分析风险产生的原因，主要有由外界环境导致的市场风险、政策风险，以及多元主体协同组织内部产生的技术风险、管理风险、道德风险等。所以协同各方必须对协同办学产生的风险以及沟通形成的成本有清晰的认识，并在风险分担的基础上达成合理的利益分配制度。利益分配需要在平等协商、风险收益对等的条件下，体现各方在协作中的资源投入情况、贡献付出情况，形成协同风险和协同收益的合理配比格局，同时要共同参与利益分配的决策和监督。只有这样，才能有效维系各成员长期的伙伴关系，确保协同培训项目的成功，持续推进协同创新活动的开展，风险分担和利益共享是继续工程教育多元主体协同办学机制发挥作用的关键所在。

第二节　继续工程教育多元主体协同办学动态机制设计

在继续工程教育多元主体协同办学机制各种内外动力因素共同作用下，系统内部各成员相互联系、相互制约，朝着与设定的价值目标一致的方向发展，在发展中谋求一种有序的、动态的平衡，形成基于办学项目的集约化运作机制。整个运行过程大致分为协同关系建立、协同办学过程、共同发展三个阶段，如图 8.2 所示。具体到每个办学项目，它的运行过程、阶段划分有所不同。

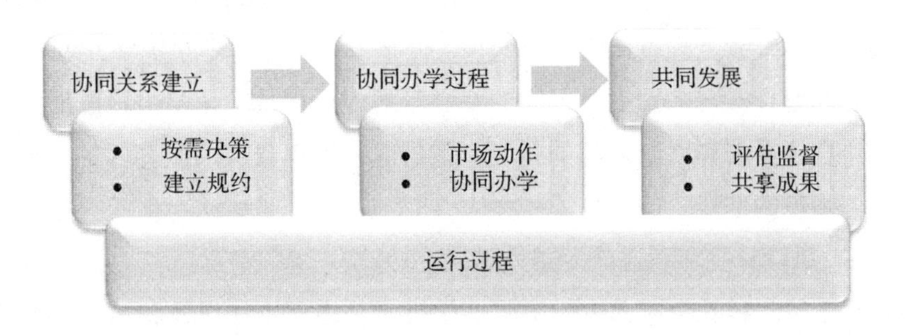

图 8.2　继续工程教育多元主体协同办学动态机制

一　继续工程教育多元主体协同关系建立

继续工程教育多多元主体协同办学关系建立阶段的主要任务是按需决策、建立规约。继续工程教育是与社会经济发展、科技进步以及专业化管理紧密结合的社会教育实践活动，应该适应构建工程师终身教育的需要、国家重点建设发展战略的需要以及国家产业结构的调整和重新布局的需要，满足工程师个人职业发展的需要，对这些需求进行深入调研，精心设计、科学规划，做出多元主体协同发展的制度安排和选择，研发精品培训项目、形成灵活多样的办学形式，给工程师提供多样化的教育服务。

继续工程教育多元主体协同关系的建立以寻求特定的合作伙伴和机会为前提，明确处于主导地位的主体，使之发挥引领作用，减少政府主导具体项目的机会，逐步提高多元主体的社会化程度，调动社会力量参与办学的积极性，广泛吸收社会资金。通过制度规约维持彼此的信任并维护各方的利益，明确各方的权利、责任和义务以及合作办学路径的选择，建立决策、执行、协商、监督等管理制度和工作程序，达成开放平等、分工合理、优势互补、共享共赢的协同关系。

二 继续工程教育多元主体协同办学过程

在继续工程教育多元主体协同办学机制作用下，各方按照合约规定，履行各自的工作职责，相互协同，开展办学活动。发挥市场调节作用，按照资源效益最大化原则，通过教育资源的整合、优化、再利用，实现高效办学；发挥市场驱动作用，办学有的放矢，更加贴近市场需求，实现高质量办学。同时，由于教育产品的准公共产品特征以及一些办学组织的公益性，还必须加强政府的宏观调控和监督作用，支持和引导针对基层工程师和中小企业工程师的办学活动，为继续工程教育办学活动营造公正、公平的竞争环境。

继续工程教育需要大量办学资金，金融机构能够提供金融衍生产品，拓宽融资渠道；网上学习平台的支持服务离不开网络运营商等技术机构的技术支持和管理运营，这些办学活动的参与者对于继续工程教育办学的管理创新和技术创新起着至关重要的作用。所以继续工程教育多元主体协同办学过程必须打破条块分割，各方分治的格局，减少合作冲突、扫除合作障碍，通过制度化规范约束各方行为、保障参与者的正当权益，形成跨部门、跨专业的高效、创新、集约、灵活的团队，使工程师充分享有优质教育资源，能够自由选择、灵活学习。

三 继续工程教育多元主体共同发展

继续工程教育多元主体协同办学机制下的办学活动是一系列的管理结构和工作探索，每个培训项目完成后，应该对办学活动的成本和收益，协同性能的有效性、可靠性进行评价，全面了解协同运行的全过程，根据评价结果总结经验教训，为改进工作提供参考意见，指导后续合作。成员之间不是简单的沟通合作，而是相互学习、融合创新的动态过程，有可能产生新的想法和思路，使得教育项目与市场需求逐步相匹配，研发出更加符合工程师需求的教育产品和服务，实现共同发展。总之，多元主体的协同运行机制是一个动力驱动、合作选择、组织协调、利益分配、学习创新的动态过程。

第三节 继续工程教育办学形式重构与创新

在继续工程教育多元主体协同办学机制作用下，针对工程师群体和个体的不同学习需求，多个主体以及相关机构形成纵横交错、灵活变化的网络结构，组合成不同的多元主体协同关系组合，进而推出六种协同办学形式（图 8.3）。

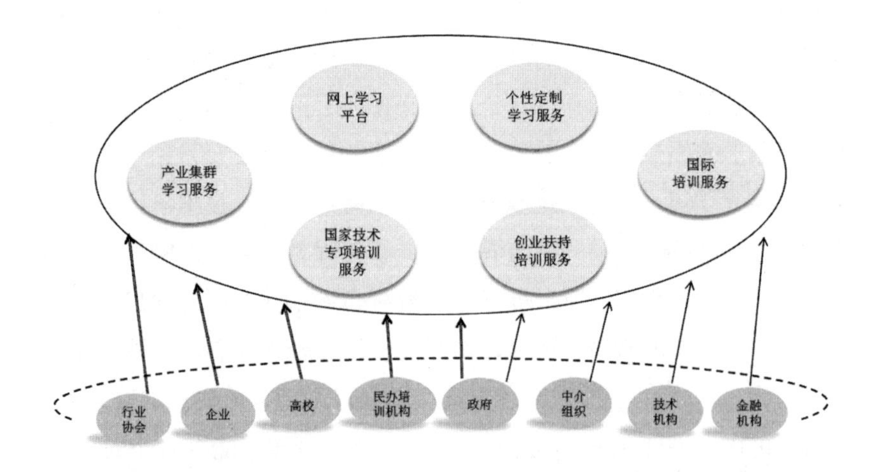

图 8.3 继续工程教育多元主体协同办学形式

这些办学形式是多元主体以及相关机构的协同效应，也是多元主体办学思路的改革创新，因为这些办学形式顺应时代要求，能够为工程师提供满意的教育服务。

一　产业集群学习服务

产业集群是指在特定行业或特定地域内生产相同或相似产品，具有相似或相同的产品技术和市场特征、分工协作又相互竞争的专业化企业及其相关服务支持机构的生产系统。如电力行业集群、石油化工行业集群等行业集群，深圳市通信电子产业集群、乐清中低压电器产业集群等区域集群。产业集群是行业分工合作的统一体和地域经济的集聚现象，越来越引起人们的关注，它的主要特征在于专业化分工相似或空间距离的接近，可以形成外部规模效应和集体效率，已经成为我国新的工业发展方向，成为中国制造的秘密武器。产业集群内的工程师，一般具有较好的职业成长环境，对自己从事的职业和所服务的组织具有较高的期望值，他们一般是行业协会或专业协会的会员，获取专业培训或专业信息的渠道主要是通过所在企业或所属专业协会。由此，可以形成在多元主体协同办学机制下的一种重要办学形式，即产业集群学习服务（图8.4）。

产业集群学习服务由行业（专业）协会、企业、高校和政府等多元主体共同提供。其中，行业协会为主导、企业大学为载体、高校为补充、政府负责宏观调控。行业协会拥有行业或地区的社会网络资源、政府信任、企业支持等优势，是政府、企业和工程师之间的纽带，是企业经济利益诉求的结合体，也是工程师利益诉求的中间载体，所以在产业集群学习服务中是核心力量，发挥主导性作用；企业作为产业的主体，是继续工程教育的需求方和供给方，是不可或缺的重要力量；高校利用自身优势，在课程设置、专业理论、师资等方面给工程师学习提供咨询和设计方案；政府在政策和税收方面予以支持。

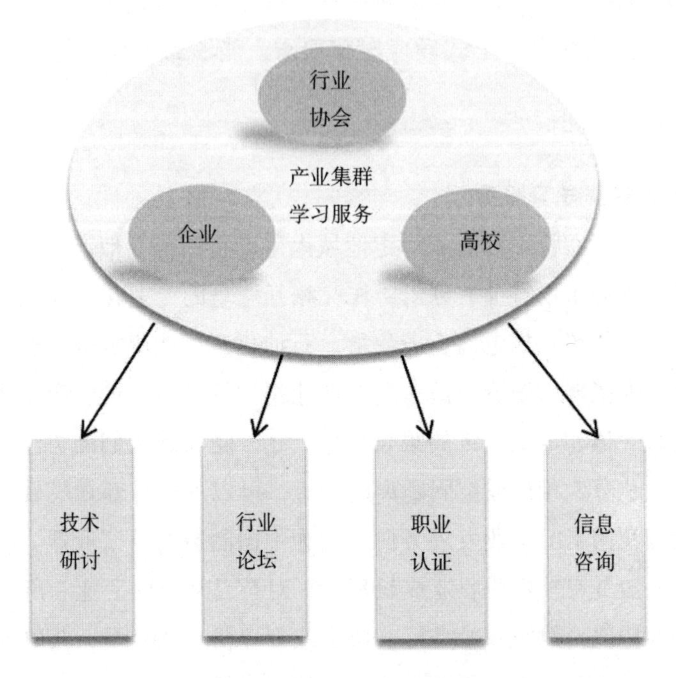

图 8.4 产业集群学习服务

产业集群学习服务的优势在于将教育服务产品直接送到工业生产和经济建设的第一线，为工程师及其所在企业提供双重支持。行业协会可以及时把握行业发展动态和市场脉搏，根据行业企业特点和工程师会员的专业特点，策划培训项目，开发科目指南，遴选优质师资，采用行业论坛、技术研讨等形式开展培训；政府应尽快将职业资格标准的认证权力下放，使行业协会有序承接水平评价类职业资格具体认定工作，促进企业岗位培训制度与国家职业技能认证制度的有效衔接；行业协会可以利用资源整合优势，为企业内训提供更多资源和信息咨询，使企业培训逐步提高质量、降低成本、优化绩效。总之，产业集群学习服务能够充分发挥行业协会的主导作用，维护产业发展秩序和契约秩序，提高行业或区域内企业的整体素质，有利于企业关键岗位专业技术人才的培养和发展。

二　网上学习平台

近年来，终身学习需求和信息技术的发展使得互联网已经成为炙手可热的学习媒介。基于交互性、数字化、多媒体的网上学习平台成为人们获取知识和技能的重要渠道。越来越多的工程师，特别是年轻工程师通过互联网与学习内容和实训模拟场景、教师、其他学员进行交互，并在学习和模拟训练过程中得到支持服务，从而获得专业知识、增强技能，进而建构个人职业学习计划和职业发展规划。因此，网上学习平台将成为继续工程教育的重要办学形式（图8.5）。同时，对于实际操作性要求很高的专业技能训练，采取网上模拟训练和实际操作相互结合的方式，可以更好发挥网上学习的灵活性以及现场训练的实效性。

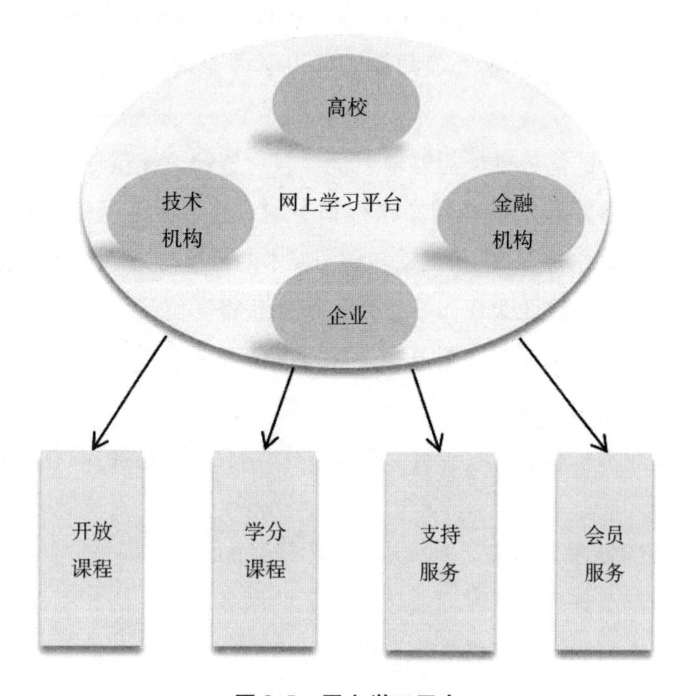

图8.5　网上学习平台

网上学习平台是通过网络来整合、传递、共享教育资源，同时借鉴电子商务平台的运营机制、嵌入手机等移动通信技术，提供高质量的双向的学习支持服务是网上学习平台的显著特征，也是其他办学形式所无法比拟的优势所在。然而，网上学习平台的建设、管理、运营是一个复杂的系统工程，而且需要强大的资金支持和技术支持，网上学习平台的建设和运营需要办学者重点解决三个问题。首先，网上学习平台必须要进行战略规划，明确办学对象的类型、层次和培养规格，确定是单纯线上服务还是线上线下相结合的模式；其次，网上学习平台必须进行组织架构重整，互联网造就了学习的“无国界”，也使得组织结构动态化、组织形式的虚拟化；最后，网上学习平台促使各个主体与金融机构、技术机构等建立紧密的伙伴关系，涉及信息的集成、资源的集成和资金的集成，各成员之间存在着较复杂的委托关系。网上学习平台主要由高校、技术机构、金融机构、企业等共同提供。其中，由于高校具有良好的网络基础、远程教育经验和丰富的教育资源，是网上学习平台的主导，技术机构提供专业的网络建设维护、网上管理运营的支持，金融机构提供融资信贷等金融服务支持，企业通过平台接口，为企业工程师提供网上学习渠道，政府提供政策和资金支持。

网上学习平台的优势在于能够辐射优质教育资源、提供随时随地的学习服务。高校通过免费发布示范性精品课程和专题讲座，使工程师增强学习兴趣、感受大学的“人文精神”，进而推动知识和技术的传播与共享；高校依靠专业背景和师资优势，精心设计课程体系，为工程师获得学位或职业技能证书提供学分课程；完善的网上学习支持服务是保障网上学习者有效学习的重要因素，这些学习支持服务包括课程选择、学习时间管理、学习交流、作业与考试等方面；对学习者的学业水平和学后收益给予持续关注，提高学习者的满意度和忠诚度。

三　个人定制学习服务

个性化定制服务是一种在商业领域常见的服务模式，例如根据消费者个人的特点，商家专门为他们定做衣服、鞋子等商品。随着教育消费的观念不断深入，人们的教育需求不断呈现出多元化、个性化、差异化的特点，个性化定制教育服务越来越受到教育消费者的青睐。就工程师的个人定制服务而言，是通过与工程师直接或间接的沟通，获取工程师的教育背景、职业背景以及社会背景等个人信息，了解并预测工程师的学习需求，为工程师的个人职业发展“量身定制”学习计划和学习服务（图8.6）。个人定制服务主要针对中小企业的工程师和自由职业的工程师，以职业资格认证和IT软件技术等标准化程度较高的技术培训为主。

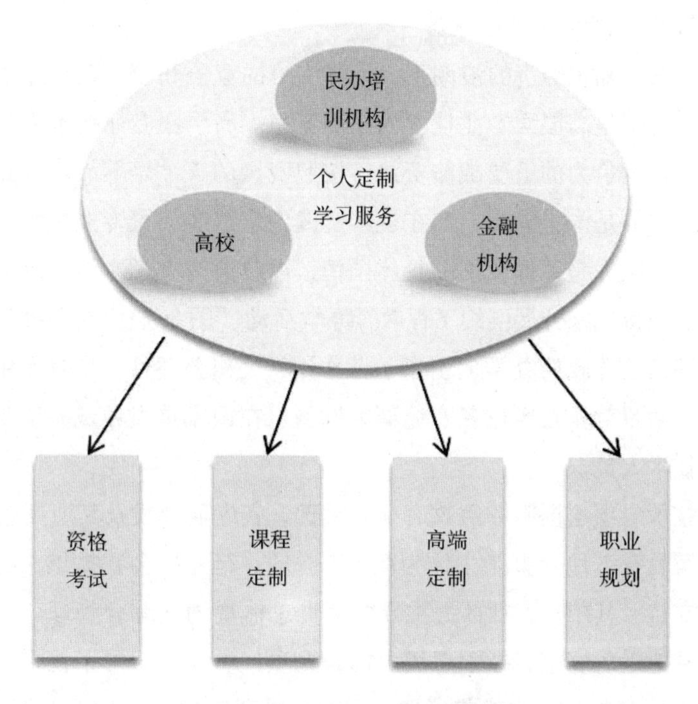

图8.6　个人定制学习服务

个人定制服务由民办培训机构、高校、金融机构等共同提供。其中，民办培训机构办学灵活、服务意识强，更容易对工程师群体进行细分，以更优惠的价格为工程师提供满意的培训服务和增值服务，是个人定制服务的主导力量，高校提供师资和课程支持，金融机构为民办培训机构提供灵活的信贷支持，政府提供扶持政策和有效监管。

个人定制服务并不是简单地为每一个不同的工程师个体提供教育服务产品，而是在大批量的职业资格认证、IT软件技术培训的基础上，追求办学的规模效益和客户经济效益并存。个人定制服务的核心是以工程师客户为中心，根据他们的学习兴趣需求，充分利用网络通信、数据挖掘、信息推送等新兴技术，为工程师客户提供针对性极强的课程定制、高端定制等学习服务；通过对工程师客户动态学习信息的跟踪以及学习需求的深层次分析，为工程师提供职业规划等咨询服务。

四　国家技术专项培训服务

世界各国在知识经济的浪潮下，经济实力的竞争和较量正在逐步演化为人才的竞争，特别是高层次专业技术人才的竞争。高层次专业技术人才日益成为决定国家科技竞争力的重要战略资源。按照我国的人才培养战略规划，专业技术人才开发主要是内生导向，即在生产实践中培养和集聚专业技术人才。国家技术专项培训服务是根据我国的具体国情，以政府为办学主体、以国家技术专项计划为实施目标来开展继续工程教育办学活动（图 8.7）。这种办学形式将在相当长时期内发挥政府办学的引领示范作用，突出公益性，专款专用，不以营利为目的。学习对象是经过各专业部委选派、在国家重点领域、重要工作岗位上的专业技术人员。

国家技术专项培训服务由政府（人社部、各专业部委及其所属培训中心）、国家级继续教育基地（办学主体为高校、企业、行业协会）提供，财政部提供国家财政支持。其中，人社部为主导，负责总体规划和综合管理，国家级示范继续教育基地组织实施，办学费用由国家专项经费支付。国家技术专项培训服务依托国家重大专业人才培养计划、重大科研和工程项目和重点领域（行业）攻关项目，尽快培养培训一大批具有创新意识的科技领军人才和高端人才，缓解国家高层次专业技术人才严重短缺的状况，发挥专业技术人才教育服务的辐射作用，形成有利于专业技术人才成长的良好社会环境。

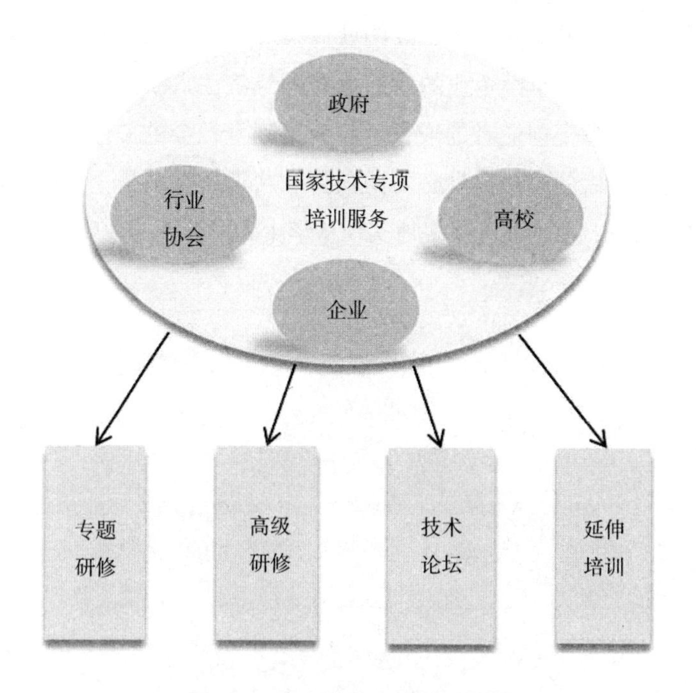

图 8.7　国家技术专项培训服务

专题研修和高级研修是人社部开展高层次专业技术人才继续教育的示范性办学形式，研修课题的选择体现起点高、技术新、层次深的原则，使学习者通过研修取得研修成果，真正解决企业的技术问题。通过技术论坛的形式，使学员能够交流彼此经验、拓宽专业领域、探讨行业新问题。参加培训的专业技术人员回到工作岗位，能够发挥技术的传帮带作用，做好后续培训的扩展和延伸。同时，将专业技术人才的使用、选拔、培训、考察、晋升进行统筹规划、系统管理，提高专业技术人才的社会地位和社会认可度。

五　创业扶持培训服务

近几年，我国高校毕业生就业和再就业任务十分艰巨，为此很多高校开展了创业教育，政府提供了创业孵化服务，大学毕业生自主创业成为一种趋势。工科大学毕业生根据自身专业优势和专业技能，进行高新技术产品的开发、设计、服务和销售，能够通过创业实现自己的职业发展理想，他们创办的小微企业具有科技含量高、发展潜力大、吸纳就业强等特点。在国家经济体制改革和结构调整之际，科技型小微企业的兴起为我国经济注入了强劲的活力。科技型小微企业的发展依赖于创业者的成长，应该得到全社会的关注和帮助。创业扶持培训服务为创业者的成功提供必要的扶持和帮助，特别是企业创办相关知识和技能的培训服务，使创业者较快地实现从学生到职业人的转变（图 8.8）。

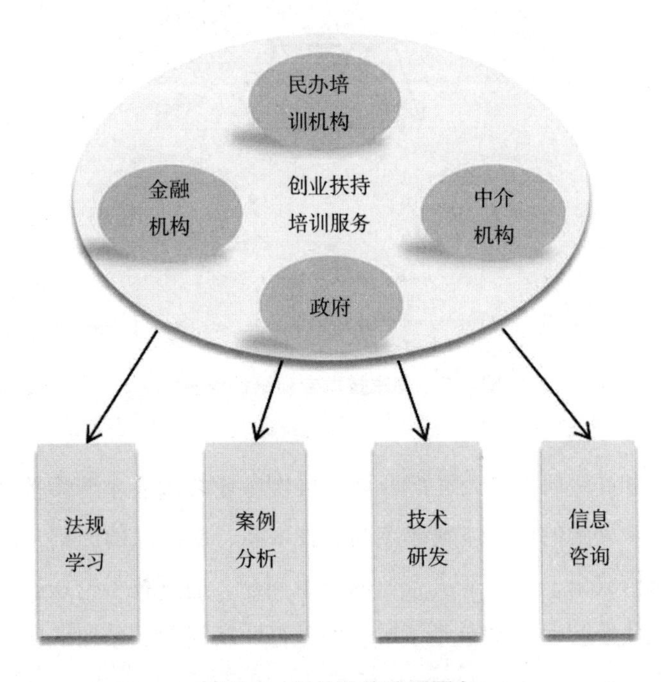

图 8.8　创业扶持培训服务

创业扶持培训服务由民办培训机构、政府、金融机构、中介机构等共同提供。根据工科毕业生的现实需要以及创业扶持培训服务的特点，办学主体应以民办培训机构等社会力量为主导，政府发挥统筹协调作用，金融机构提供专业金融服务，中介机构负责协调工商、税务、法律、金融、保险等部门的专业人员提供咨询服务，并由成功企业家、技术专家、优秀创业者代表等组成专家小组提供技术指导。创业扶持培训服务需要社会各个方面的配合，以及社会大环境的支持，形成创业培训、专家指导、技术开发、融资服务的有机结合，建立整体推进的社会模式，才能发挥创业培训的倍增效应。

创业扶持培训服务不同于下岗、失业、农民工的培训，主要针对有创业意向和条件的工科大学毕业生开展的一系列适应性学习活动，指导他们制订行之有效的创业计划、提供相关的政策扶持和服务咨询，帮助他们树立科学合理的创业理念，成功创办自己的小微企业。创业培训采取线上和线下相结合的培训模式，培训过程主要包括培训学习、辅导咨询、创业扶持等阶段，一般需要一年左右的时间，其中培训学习阶段（2～3个月）主要进行创业基础知识、基本国家法律法规的学习和案例分析；辅导咨询阶段（2～3个月）对技术研发、创新设计等方面的问题由专家进行针对性和个性化的咨询和指导，帮助创业者确立符合市场需要、有发展前景的创业项目；创业扶持阶段（4～6个月）对实际创业过程中存在的问题和遇到的困难提供指导和融资服务。

六　国际培训服务

经济全球化加速了工程师的国际流动，用人单位不仅关注工程师的专业才能，也逐渐开始关注工程师的国际经验和国际视野。由于援外项目不断增多，工程师在岗期间很可能到海外工作或接受跨国公司的聘用。因此，工程师在条件允许的前提下，总有愿望到海外学习和工作一段时间。国际培训服务有两种方式，一是“走出去”，即组织工程师到国外企业、高校或教育培训机构进行培训学习，使工程师直接感受国外的先进技术，拓展视野，形成适应国际形势的竞争实力。二是“请进来”，即将国外某行业领域的技术专家聘请到国内进行授课和交流，使更多的工程师得到国际化培训的机会，这种方式培训成本相对较低（图8.9）。

国际培训服务由中介机构、国内外培训机构、国外企业、高校等共同参与。其中，以国际教育交流协会等民间国际交流中介机构是主导，发挥国际交流合作的协同组织作用，成为国内外培训机构的联系纽带，为工程师到国外企业或高校培训学习提供专业的国际化服务。

国际化工程技术人才的培训必须遵循国际标准和规则、学历教育还涉及国际合作办学，而且国际培训投入大、学员的组织难度大、风险大，所以培训的前期策划、组织安排以及与国外培训方的沟通和协调对培训质量和培训效果有直接的影响。国内办学主体普遍缺乏与国外合作办学的经验，缺乏双方沟通的平台和渠道，多以政府出资、国家外专局组织的领导干部海外研修为主。因此，借鉴已有海外研修的有效模式，从制度角度考察转变到技术和产业的角度考察，从国情比较转变到学科专题或技术专项研讨，向专业负责人和学科带头人倾斜，使国际培训效果真正辐射到行业企业的工程师。从发达国家到发展中国家，做好培训的输出和输入，发挥中介机构的组织、协调、沟通作用，为工程师提供国际化的技术研修、专项考察、专题座谈、技术引进等形式的培训学习，使他们扩大国际视野、学习国外先进技术和管理经验，成为国际化专门人才。

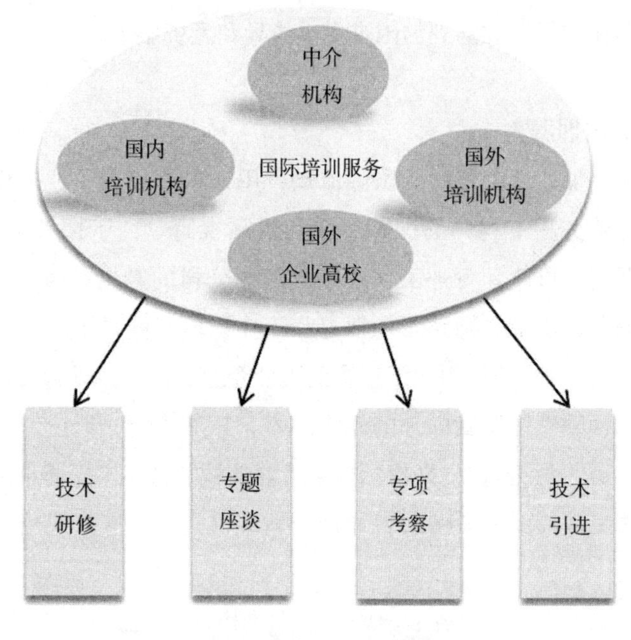

图 8.9　国际学习服务

第四节　本章小结

像其他教育问题一样，有关继续工程教育多元主体协同办学机制设计所能依据的理论相对较少，关于教育政策制定和机制设计的模型多来自于经济学、管理学、心理学等理论模式，经验模型多来自于商业、生产、公用事物的论述中，而非教育文献中。借鉴协同理论、组织理论等理论中的相关内容，在继续工程教育办学实践成果分析研究的基础上，建构和设计继续工程教育多元主体协同办学机制。

在继续工程教育多元主体协同办学机制中，各成员按照一定的规则组成一个有机整体，每一个成员在系统中都有其专门的功能和作用，缺一不可，否则就会影响或破坏系统的协同作用。继续工程教育多元主体协同办学机制揭示了各成员的内在本质，也促使继续工程教育多元主体对协同办学机制构建和运行复杂性的认识，对继续工程教育多元主体协同办学机制基本框架的建构设计是协同机制在继续工程教育办学实践中真正发挥作用的前提。

在继续工程教育多多元办学主体组织系统及其边界确立的基础上，提出继续工程教育多元主体协同办学机制的基本框架。从静态机制的角度，提出协同办学机制的基本原则、基本层次和基本内涵的设想。从动态机制的角度，提出继续工程教育多元主体协同机制由协同关系建立、协同办学过程和共同发展三个阶段组成的运行过程以及每一个阶段的主要关注点。在继续工程教育多元主体协同办学机制作用下，提出六种协同办学形式，多元主体有效整合、快速反应，沟通合作、共享资源，为不同工程师个体和群体提供高质量的教育服务。总之，通过多元主体协同机制的建立和有效运作，使得多元主体建立起协同关系，齐心协力进行协同办学，形成灵活多样的办学形式，实现多元主体的协同发展，资源共享和利益共赢。

第九章

结　论

第一节　主要结论

一　继续工程教育办学是为工程师提供教育服务

教育首先始于对教育对象的认识。继续工程教育的教育对象是工程师，无论是基于宏观层面经济社会发展，还是微观层面工业企业产品和技术创新发展，都要求对作为国家人力资源重要组成部分的工程师有全面深刻的认识。唯有认识、理解、尊重工程师的学习需求特性，将工程师作为教育服务对象，直接面向经济建设主战场，为工程师提供全方位、多样化、个性化、高质量的教育服务，才能实现办学主体的社会效益和经济效益。

中国工程师对国家、对世界的贡献和影响不仅靠数量更要靠质量。继续工程教育办学者应该满足工程师的学习需求，提供高质量的办学。工程师具有强烈的学习愿望和明确的学习动机，希望通过学习培训提高专业技能水平，实现职业发展规划；不同年龄、学历、职称的工程师在学习计划和学习内容、学习方式和地点等方面具有差异性；工程师学习需要克服各种困难、投入时间、资金、劳动等学习成本，才能取得成效。特别是企业中基层一线中青年工程师、中小企业中工程师工学矛盾突出，工作状况和学习要求应该给予更多的关注。

工程师的职业特性和学习特性决定了工程师的培养以专门教育和培训作为基本特征。虽然传统学校教育在工程师培养中具有不可替代的基础作用，但是越来越多的工程师培训由传统大学以外的企业、专业协会、民办培训机构等办学主体来提供，应该体现与传统学校教育不同的办学特点和办学形式。工程师管理制度、企业激励制度、办学经费保障制度等制度建设对继续工程教育办学有着重要影响，继续工程教育办学是一项复杂的社会系统工程。

二 多元办学体制的基础是布局合理的多元主体

企业不仅是继续工程教育的办学主体，而且是人才需求主体，双重性身份使得企业办学在工学结合、产教融合方面具有独特的优势。企业办学有利于在产业结构调整过程中，同步规划人才资源配置；有利于企业在技术创新过程中，同步提高工程师的知识和技能水平；有利于企业发展过程中核心技术和技能的积累、传承和创新。在我国继续工程教育起步和初步发展阶段，企业办学对于工程技术人员的补缺教育发挥了重要作用，完成了企业技术人员的原始积累。在新的发展阶段，企业办学面临着巨大的机遇和挑战，企业大学的兴起应允了市场的需求、凸显了人才培养对企业的战略价值。办学性质难以界定、办学质量有待提高、激励机制缺乏是企业办学面临的现实困境。

人才培养是高校的第一职能。高等工科院校担负着培养未来工程师的责任，对提高整个社会的科技发展水平具有重要作用，因此继续工程教育与高校有着天然的联系。在经济转型升级和产业结构调整的背景下，随着科学技术的快速发展，工程建设体系、生产制造体系越来越复杂，生产设备和仪器的科技含量越来越高，对工程师的知识、技能、素质等方面的要求越来越高，面向未来、面向世界、面向工业界培养卓越工程师后备人才是高等工科院校的重要任务，应该全面开启工程教育改革的步伐，稳步推进工程硕士和工程博士学历教育。作为非学历继续工程教育的主要载体，高校处于重要的转型发展期，应该增强社会服务意识，面向市场找准发展空间，进行开放办学；应该增强服务区域意识，服务地区社会经济发展，创建特色教育品牌；应该增强网络意识，利用资源优势和技术优势，大力发展在线教育。

为工程师提供具有前瞻性、针对性、实用性的全方位教育服务是行业协会办学的显著特征。这是因为行业协会是介于政府、企业之间，工程师与企业之间的社会中介组织，是政府、工程师、企业之间沟通和协调的桥梁；行业协会立足行业，能够更精准了解行业发展趋势和行业市场人才需求；能够在法律和制度框架下，预测行业规划、发展国内外市场、拟定行业标准、组织职业资格认证等，并由此开展工程师相关教育服务。目前，由于行业协会地位尴尬、经费缺乏保障、自身能力不足等问题，使行业协会还不能很好地发挥其作用。政府应该转移某些行政职能，委托行业协会实现某些社会服务功能，通过制度规约使行业协会有更大的发展空间；行业协会也应该加强自身建设，完善服务职能，为工程师提供全方位服务。

政府办学坚持公益性和公平性原则，具有示范和导向作用。由于普及面较窄，政府办学还不能充分满足普通工程师多样化的学习需求。随着市场经济体制改革的不断深入，政府办学应该逐步退出继续工程教育领域，扩大社会参与办学活动的权利，让出某些教育管理权利。政府应该创设符合我国国情、符合继续工程教育规律、符合工程师现实需求的办学制度；统筹协调多元办学主体，规范和监督市场机制下的办学行为；集中力量构建社会公共继续教育服务平台。

民办培训机构办学顺应经济发展和市场需求，是继续工程教育不可或缺的组成部分。目前，民办培训机构办学正处于从规模扩张到内涵发展的重要转型期，在工程师培训、特别是高层次培训方面发挥的作用还比较小。办学特色和办学质量是民办培训机构办学的命脉，需要引起足够的重视；克服自身资源型障碍，与其他办学主体相互融通，是民办培训机构办学的必然选择。此外，民办培训机构办学的重大关切和多元诉求、特别是民办培训机构反映强烈的分类管理、合理回报的问题，在顶层制度设计上亟待解决。

总之，继续工程教育多元办学主体布局已经初步形成，为多元化办学体制改革创造了条件，但是只有多元办学主体的统筹协调、相互合作、办学特色等问题得以解决，才能实现从办学数量和办学规模扩张向办学质量和办学效益提高的转变，推动继续工程教育多元化办学的持续、均衡、健康发展。

三　多元主体协同办学机制是继续工程教育发展的关键

继续工程教育办学数量和办学规模的扩大，造就了企业、高校、行业协会、民办培训机构等多元办学主体。面对新的形势，各个办学主体之间在整个继续工程教育市场环境中必然彼此关联。多元办学主体的组织体系边界不仅建立规则秩序，而且促进办学组织的流动性，提高办学组织对未来环境的适应能力，各办学成员在不断变化了的办学任务和情境中进行着组建和重组的过程。迅速变化的环境要求办学组织体系能够及时做出反应，以求得办学主体的生存和发展；对内部原动力、外部推动力以及阻力的清晰认识，将有助于有计划的变革，使办学组织对环境的改变做出迅速反应，促进办学主体办学质量和办学效益的提高。多元主体协同办学机制以办学组织体系的确立作为前提。

协同办学机制的建构和设计，应该形成应用机制的科学方法，为工程师提供优质教育服务是首要原则，适合我国国情以及工程师的学习需求特点是适切性原则，协同机制通过规约来维护彼此关系是规约化原则，三个基本原则是继续工程教育多元化办学的基本信条和准则。协同办学机制有其层次上的特殊性，战略协同处于最高层次，协同办学的战略决策依据内外环境，提出多元办学主体整体协同的价值大于各办学主体独立价值的简单总和，指导组织的协同并最终实现资源的优化配置；组织协同处于中间层，动态化、柔性化的立体网络结构是战略决策的要求，也是资源聚合的前提；资源协同处于下层，资源共享、合作共赢是协同办学的具体体现。协同办学机制有其特定的内涵，提供办学质量和办学效益是协同办学机制的根本，理念融合和技术集成是协同办学机制的保障，资源共用和信息共享是协同办学机制的支撑，风险分担和利益分配是协同办学机制的关键。

多元主体协同办学机制结构功能的设计以及运行功能的有序展开，为创新继续工程教育协同办学形式奠定了基础。产业集群学习服务由行业协会为主导，以企业为依托，为行业领域或区域内企业工程师群体提供职业资格认定、技术研讨等教育服务，为企业办学提供资源和信息咨询。网上学习平台顺应时代要求，为年轻工程师提供跨越时空的网上学习支持服务，高校凭借优质教育资源、远程教育经验等优势在网上学习平台的建设、运营中发挥重要作用。个人定制服务主要以民办培训机构为主导力量，为中小企业工程师和自由职业工程师提供资格考试、课程定制、高端定制和职业规划等培训服务和增值服务。国家技术专项培训服务由人社部进行组织规划、管理监督，依托国家重大专业人才培养计划和重大科研和工程项目而，开展高层次专业技术人才培训，具有引领和示范作用。创业扶持培训服务由多方社会力量和政府多部门参与，针对有创业意向和条件的工科大学毕业生开展的适应性办学活动。国际培训服务充分发挥中介机构的沟通协调作用，为工程师开阔国际视野、学习国外先进技术，增强国际竞争力提供国际培训机会。

多元办学主体的形成继续工程教育多元化办学体制的改革创造了条件，继续工程教育多元化办学体制改革的目标是形成灵活多样的办学形式，在为工程师提供高质量的教育服务的同时，实现继续工程教育办学主体社会效益和经济效益的提高。多元主体协同办学机制的精心设计和成功运作是实现多元化办学体制改革目标的有效途径。

四 确立多元主体协同的组织体系

在我国，继续工程教育多元主体中除了民办培训机构外，一般不是单纯的教育机构或部门，而是隶属于一定的机构或企业；继续工程教育的办学活动大都是基于项目管理模式，具体的办学项目周期一般不超过一年时间；互联网的发展也使继续工程教育的组织形式和管理模式发生了巨大变革。这些决定了继续工程教育的办学活动需要依赖于专业培训项目组以及跨部门的合作团队，必须进行一系列的组织变革，打破现有的行政组织壁垒，进行人员和资源的合理安排和协调，形成动态的、开放的、柔性化的办学组织系统，才能应对市场需求变化。多元主体协同机制的组织体系不仅强调多元主体的主体地位，而且充分发挥其他机构的参与和支持作用，顺应继续工程教育发展环境的变化。

多元主体协同机制的组织体系边界确立之后，有效识别办学组织系统的动力要素，有利于多元主体根据发展环境变化，采取积极主动的办学策略，开展灵活多样的办学活动。其中，外部动力要素包括市场供求、制度环境、技术发展和经费来源。外部动力要素是多元主体协同发展的条件和环境，能够促使全社会积极参与继续教育，推动继续工程教育法规制度的建立和技术进步，营造公平竞争的市场环境。内部动力要素包括战略规划、利益追求、发展需要和员工激励。内部动力要素促使多元主体彼此协作形成合力，加强内部管理提高核心竞争力，做好战略规划形成办学优势。只有在内外动力共同作用下，多元主体的协同办学机制才能发挥有效作用，促进多元主体的协同创新。

多元主体协同发展也存在一些不利因素。工程师社会地位偏低在一定程度上影响了工程师以及企业参与继续教育的积极性；社会诚信体系的缺失影响继续工程教育的办学秩序以及市场环境的公平规范；终身教育体系的不完善影响各种教育形式的互联互通和有效衔接；科学合理的继续工程教育办学标准亟待建立。因此必须对多元主体协同发展环境的复杂性有所认识，把握动力和阻力的变化趋势，及时防范风险和解决冲突。

五　建构多元主体协同办学机制的基本框架

继续工程教育多元办学体制的改革发展需要通过多元主体协同办学机制的建构和运行来实现。面对不断变化的学习需求和激烈的市场竞争，继续工程教育多元主体协同办学机制的构建是一个复杂而又渐进的过程。多元主体协同办学机制的框架设计包括基本原则、基本层次和基本内涵等主要内容。

多元主体协同办学机制的基本原则是组织体系中每个主体协同的基本规约，是继续工程教育多元化办学的基本准则。以工程师学习需求为导向、为工程师提供优质的教育服务是多元主体协同办学机制的首要原则；体现国家、企业、工程师个人对继续工程教育办学的期望与继续工程教育办学者行动之间的高度契合是多元主体协同办学机制的适切性原则；多元协同办学机制以各成员之间建立契约关系为原则，通过制度和规范使多元主体真正成为办学关系共同体，有效规避风险，实现共同发展。

多元主体协同办学机制的基本层次从上向下依次是战略协同、组织协同和资源协同，上层对下层具有指导作用，下层对上层具有支持作用。战略协同是多元化办学决策的重要依据，战略的确定符合协同办学机制的重要使命；组织协同达成多元化办学的组织结构，有助于战略目标的实现；资源协同使各个主体能够有效获取外部资源、充分挖掘内部资源，实现有限资源的高效利用。

多元主体协同办学机制的基本内涵是对继续工程教育多元化办学目标、实现路径、办学环境和价值取向的诠释，体现了全新的继续工程教育办学理念。在我国继续工程教育新的历史发展时期，提供办学质量和办学效益是根本；超越现行的行政体制、突破传统的利益分配束缚，理念融合和技术集成是保障；缩小资源需求和供给之间的差距、打通数字化学习资源的通道，资源共用和信息共享是支撑；清晰认识各种风险和沟通成本、平等协商各方责任和利益，风险分担和利益分配是关键。

六　实现多元继续工程教育办学形式

继续工程教育多元主体协同办学机制在发展过程中得到不断完善，形成基于办学项目的集约化运作机制，最充分地利用教育资源，更集中合理利用组织管理手段和技术，实现高效率的办学。运行过程大致分为协同关系建立、协同办学过程和共同发展三个阶段。协同关系建立应该按需决策并建立规约；协同办学过程是在充分发挥市场驱动作用下，通过多元化的办学形式，实现协同办学；在每个办学项目完成后，准确评估办学成本和受益、共享办学成果。

在继续工程教育多元主体协同办学机制作用下，发挥多元主体以及相关机构的协同效应，根据工程师个体和群体的不同学习需求，推出六种协同办学形式，为工程师提供高质量的教育服务。

产业集群学习服务针对特定行业或特点地域生产企业的工程师群体，以行业协会为主导、以企业大学为载体、高校为补充，开展技术研讨、行业论坛、职业认证、信息咨询等形式的培训，培养企业高素质专业技术人才，进而提高行业或区域内企业的整体素质。

网上学习平台为年轻工程师提供数字化、交互式、多媒体的开放课程、学分课程、支持服务和会员服务。高校作为核心力量，技术机构提供专业网络建设和管理运营支持，金融机构提供金融服务支持，在政府支持、企业参与下，通过组织架构再造，搭建跨越时空的工程师学习渠道，实现优质教育资源的传播与共享、提高工程师学习兴趣。

个人定制学习服务针对中小企业的工程师和自由职业的工程师，由民办培训机构、高校、金融机构等共同参与，通过民办培训机构为工程师个体提供资格考试、课程定制、高端定制和职业规划等形式的培训服务和增值服务。

国家技术专项培训服务是根据国家的发展战略规划、以国家技术专项计划为实施目标、由政府或国家级继续教育基地提供。学习对象是经过各专业部委选派、在国家重点领域重要岗位上工作的专业技术人员。国家技术专项培训服务有利于发挥政府办学的引领示范作用，有利于形成良好的工程师成长的社会环境。

创业扶持培训服务主要针对有创业意向和条件的工科大学毕业生而开展一系列适应性学习服务，帮助他们成功创办自己的科技型小微企业。创业扶持培训服务由民办培训机构、政府、金融机构和中介机构共同参与，采取灵活的培训模式。在社会各个方面积极配合下，形成创业培训、专家指导、技术开发和融资服务的有机结合。

国际培训服务是在中介机构、国内外培训机国外企业、高校的共同参与下，为工程师提供国际化的技术研修、专项考察、专题座谈和技术引进等形式的培训服务，学习国外的先进技术和管理经验，成为国际化专门人才。

第二节 政策建议

一 继续工程教育多元办学主体的协同发展亟待相关政策的出台以及相关政策体系的完善，政府发挥公共服务职能作用，为继续工程教育事业的规范、可持续发展打造完善的政策法规环境和公平的市场竞争环境

继续工程教育多元办学主体的办学格局初步形成，办学格局的优化问题以及各办学主体的协调发展问题亟待解决。企业是工程师培养和技术创新的主体，必须发挥企业作为办学主体和受益主体的作用，才能将教育成果转化为生产力，使企业提升核心竞争力；高校继续发挥培养高素质工程师的作用，在产学研合作中与企业建立长期稳定的合作关系，进一步明确服务行业和服务区域，在工程师培训决策和理论指导方面发挥更大作用；行业协会在法律保障、政策支持下强化办学指导能力，提升自身服务能力，履行职业资格认证的认定和评价工作；民办培训机构作为继续工程教育的新兴力量，亟待规范和激励的制度供给。

政府是政策设计、制度建设和社会环境的缔造者和维护者，在我国继续工程教育发展过程中，政府的领导作用至关重要。我国继续工程教育还没有专门的政策，需要在继续工程教育政策的发展中把握继续工程教育的相关政策以及相关政策体系，为继续工程教育未来的政策制定提供依据，确保继续工程教育人才培养目标的落实。因为继续工程教育不仅仅只局限于解决工程师培训的问题，它涉及学习型社会的建设、行业企业自主创新产业链的有效对接和良性循

环；继续工程教育政策不仅仅有利于人才强国，而且有利于创新型国家建设。政府的主要职能应该逐步从“集权”向“分权”转变，对多元化办学进行统筹协调，为办学主体创造良好的发展环境，通过制定继续工程教育的相关政策、完善相关政策体系，来构建企业、高校、行业协会、民办培训机构的整体发展框架，用法律和制度规范和约束所有办学组织和个人的办学行为。

法律以其强制性和规范性保证政策的贯彻实施。在国家发展的重要战略机遇期，继续工程教育为国家建设发展提供强有力的人才支撑。“依法治教”应该放在更加突出的地位，发挥更大的引领和规范作用。完善继续工程教育的制度安排，就必须完善我国继续工程教育的法律体系。继续工程教育不仅事关教育部门，还广泛涉及企业、行业协会、社会中介组织以及劳动就业部门和政府职能部门，必须以立法的形式明确政府、企业、高校、行业协会和民办培训机构各方的权利、义务和责任。然而，我国关于继续工程教育的法律偏少、偏软，专门的继续工程教育政策只有一个，即1995年颁布的《全国专业技术人员继续教育暂行规定》，与继续工程教育相关的政策大多分散在众多的政策法规之中，缺少对办学主体的强制要求和具体规定。

根据继续工程教育以及多元办学主体的特点，继续工程教育的相关政策制定可以分为强制性政策、激励性政策和参与性政策三大类。强制性政策是指所有办学主体必须遵守和服从、否则会受到相应惩罚的政策。主要政策形式有继续工程教育办学标准和工程师执业资格认证制度。继续工程教育办学标准对继续工程教育办学准入标准、退出机制和奖惩办法做出规定，按照办学标准对办学主体进行质量评估，定期向社会公布评估结果，保护工程师学习者的利益。工程师执业资格制度严格工程师从业资格的注册和年审规定，为从事相应的工程师职业设置一定的准入标准，只有参加了规定科目和学时的学习培训才能上岗就业。工程师执业资格认证制度可以促进企业在工程师培训上投入更多的资源和机会，促进工程师自身的学习主动性。

激励性政策是指对办学主体可以获得的经济激励（税收减免、经费资助等）和办学主体应尽责任和义务的监督约束的政策规定，目的是提高办学主体的办学积极性。这里特别需要指出的是《民办教育促进法》的进一步修订问题。现有《民办教育促进法》赋予了民办培训机构与公办学校同等的法律地位，在

“积极鼓励、大力支持、正确引导、依法管理”的方针指导下，民办培训机构的办学规模突飞猛进，要使民办培训机构实现内涵式发展，在继续教育领域发挥更大的作用，必须明确民办培训机构的产权归属、回报率和退出机制，解决民办培训机构的办学盈利问题和产权确认问题，避免政府管理的缺位或错位现象以及民办培训机构办学的短期行为。

参与性政策是指其他相关配套政策的制定和完善，支持更多的社会力量参与继续工程教育办学，引导更多的社会资金投入到培训教育中，鼓励更多的教育金融产品的推出，鼓励工程师终身学习。主要政策形式有《社会捐赠法》《终身教育法》《企业法》等法律规定。

二　加强继续工程教育多元化办学的统筹协调，推动相关继续工程教育政策设计的一致性、相关性、可操作性，使办学主体有章可循、有法可依，使办学活动既丰富多样又井然有序

继续工程教育多元办学主体的布局初步形成，办学主体的定位问题以及结构趋同问题已经成为继续工程教育发展的主要障碍。继续工程教育多元办学主体的整体优化是继续工程教育办学体制改革的目标，整体优化取决于结构的优化和组织的科学性，政府要实现对继续工程教育办学主体的统筹协调、整体优化就必须保持政策的一致性。政策的一致性表现在两个方面，首先，不同的办学主体有着自身的办学特点和治理路径，有着不同的政策诉求，那么政策工具不应该只是数量和形式的增加，而应该是各项政策组合以及制度安排的和谐统一。其次，随着时间的推移，新旧政策之间存在不适应，应该减少政策的随意性和多变性，增加政策制定的延续性和稳定性。依靠立法对继续工程教育办学体制的层次结构及其办学职能从整体上加以规范，依靠职业资格认证和办学标准评估对多元化办学行为加以引导，依靠财政投入政策和金融服务政策改革对多元办学主体的发展加以调控。

资金缺乏一直以来是阻碍继续工程教育发展的一大难题，国家财政投入非常有限，企业人才培养的资金缺口较大，中小企业问题更为突出，高校继续教育基本属于自负盈亏，行业协会仅靠会费很难维持，民办培训机构资金短缺尤为严重。从本质上而言，继续工程教育并不单纯是教育事业的一个分支，而是教育经济的一种延伸，教育收益的显著性客观存在而且必须得到显现，因此继续工程教育政策不能仅仅是教育、科技政策的相关规定，而应该结合继续工程教育的教育和经济的双重特性，提高政策制定的相关性，通过税收政策、产权政策和金融政策等经济政策，建立政府财政、税收、金融等多部门共同参与的资助体系，通过税收优惠、产权保护、专项贷款等形式，实现社会资金的再分配，发挥市场在资源配置中的作用，解决办学主体资金短缺的困难。互联网的高效、开放和交互使得在线教育逐步成为继续工程教育的一种重要形式，但是互联网信息安全、金融风险等日趋严峻复杂，一方面制定互联网领域的专门政策法规，另一方面在相关教育法、产权法中增加针对互联网的专门条款，达到规制互联网的目的，规范网络办学行为。

虽然国家、企业、工程师个人都普遍认识到继续工程教育的重要性，但是由于对继续工程教育的办学特点和发展规律缺乏系统深入的研究，而且在从计划经济体制向市场经济体制转变过程中，还有很多继续工程教育问题需要厘清，无论是教育规划还是人才规划，无论是专业技术人员继续教育规定还是企业内工程师管理规定，大多数内容都是“原则”“方针”“目标”的表述，缺乏具体措施和量化工具。在符合我国继续工程教育发展的现状和条件，以及符合国家专业技术人才的发展目标和发展路径下，国家政策制定在保证政策原则性的同时，制度和条款应该更加明确具体、配套措施更加细化合理、表述更加细致精准，使政策执行更具操作性。落后的条款加以删除，对不适应改革要求的制度及其条款，要及时修改或废止；学分银行、教育券等针对学习者学习积累与转换、学习成果认证、教育资助的操作规范和认定标准值得期待。

三　优化弘扬优秀传统文化的社会环境，宣传艰苦奋斗、扎根基层、建功立业的工程师职业道德；提倡“以德办学”和“以法办学”，发挥政府诚信在信用法律体系建设中的关键作用

受社会大环境的影响，年轻一代工程师普遍存在急功近利、自私自利、浮躁敷衍、失信失德的思想和心态，个人职业发展与企业发展目标之间的差异或矛盾成为企业和工程师参与继续教育积极性不高的深层次原因，因此单纯的技术型、技能型工程师已经不能适应社会发展的要求，文明的进步呼唤更多的不仅具有专业技能，而且具备良好文化道德修养的工程师。中国传统文化博大精深、意境高远，要优化弘扬优秀传统文化的社会环境，“育才先育人”，办学者

应该将优秀传统文化成为育人的根本和最基本的要求，将优秀传统文化进行提炼，与企业的生产经营和岗位职责有机结合，将优秀传统文化融入专业和技术培训中，塑造年轻工程师诚信自律、感恩包容、晴耕雨读、师徒传承的优秀品质，使年轻工程师树立艰苦奋斗的职业观，立足本职，扎实工作，努力学习，成就事业。只有这样，才能真正抓住培训的根本，提高培训的实效，拓展培训的效应。针对工程师社会声望不高、从业地位偏低的状况，要利用电视、报纸、网络等媒体大力宣传爱岗敬业、岗位建功的基层优秀工程师的先进事迹，提高工程师的社会地位和社会影响，提高优秀工程师在行业领域的影响力，鼓励广大工程师在建设国家进程中做出更多更大贡献，积极引导青少年未来的择业取向。

继续工程教育多元化办学体现了在更大的社会范围内、更高层次上对工程师的培养和培训任务，继续工程教育的一切办学活动都要落到对工程师的教育服务上，通过工程师素质和能力的提升，服务国家经济建设。因此，诚信办学，服务社会是继续工程教育办学的社会价值。政府应该倡导继续工程教育办学者以德办学、诚信服务，依靠道德的自律和舆论监督，形成良好的道德风尚和舆论导向，提升办学者的社会公信力，赢得社会声誉，维护社会的和谐和稳定。然而，一些办学者“诚信光荣，失信可耻”的观念淡薄或丧失，在经济利益诱惑和驱动下，在招生宣传、办学质量、证书管理、师资建设方面还存在失信问题。诚实守信是办学主体的内在动机和行为，属于道德范畴。继续工程教育办学事关人的教育，不能只关注眼前利益，忽视长期办学效应，对办学行为不能仅仅是道德要求、舆论监督。继续工程教育办学有经济性，不能仅仅要求办学主体有诚信的品质，而否认办学的经济性，即信用的经济性质。特别是协同办学机制的建立，成员之间的信用关系尤为重要。信用是办学主体之间建立在契约之上的经济交易方式，具有强制和规范作用。诚信发展到什么程度，契约的可靠性就贯彻到什么程度，办学的吸引力就达到什么程度，反之失信者要受到严惩，并且承担法律惩罚和经济制裁。所以要提倡以法办学，规范办学秩序。政府在重视自身的诚信建设的同时，需要为社会建立起稳定完善的信用法律体系，通过法律制度提供社会信用秩序。

继续工程教育是一个复杂的社会教育系统，面对日益复杂的经济宏观形势和日益高涨的人才需求趋势，唯有在多元办学主体协同发展的同时，不断关注办学体制改革的实效性和相关政策设计，才能避免陷入“只有规模没有质量，只有数量没有效益”的桎梏，更好应对继续工程教育发展的新需求、新趋势，以及严峻的挑战。政策工具和制度设计对继续工程教育的发展具有根本性作用。政策工具是国家达到发展和治理继续工程教育的重要途径和手段。通过政策建议，希望政府以支持继续工程教育发展为核心，通过改善社会环境，建设制度安排，运用政策工具来培育继续工程教育市场、鼓励多元办学主体办学乃至振兴继续工程教育产业，从而实现提高我国工程师整体素质、为国家经济社会建设提供人才支撑的目标。

第三节　研究创新

继续工程教育是高等工程教育的扩展和延伸，是继续教育的重要组成部分，在实现人才强国、建设创新型国家的战略发展中发挥重要作用。继续工程教育办学首先要解决为谁办学的问题。工程师是继续工程教育的办学对象，继续工程教育办学质量和办学效益的提高很多程度上依赖于对工程师及其所在企业的积极性。然而，对已经走上工作岗位的工程师群体的研究，特别是他们的工作现状和学习需求的研究，在国内外研究中都明显不足。因此，从工程师状况探寻工程师学习需求的历史背景和社会渊源，从实证结果探讨工程师学习需求对继续工程教育办学的影响，在一定程度上填补了对工程师群体研究的不足。

从准公共产品的角度，探讨继续工程教育的教育服务属性，并提出为工程师客户提供满意服务是办学主体的办学宗旨，进而以服务为中心创新办学形式，才能实现办学主体的经济利益。以组织理论的视角，提出多元办学主体协同办学的组织体系，探讨协同办学组织系统的动力因素，发挥整体大于部分之和的优势，使资源实现优化配置。从委托代理理论出发，提倡以契约为基础建立办学主体之间的信用关系，实现风险分担和利益共享，推进协同创新活动的开展。国内对继续工程教育及其办学的研究绝大多数以宏观描述和实践总结为主，本书通过对继续工程教育略显粗浅的理论探究，以期引起更多的专家学者关注继续工程教育的理论研究。因此，从准公共产品等视角对继续工程教育多元化办学进行理论分析，弥补了国内继续工程教育理论研究的缺憾。

在对继续工程教育办学的定性和定量研究，以及典型案例的分析过程中，从教育属性、经济属性、组织结构三个维度，探析继续工程教育不同于其他教育的教育特点和办学特点，并建构了继续工程教育多元主体协同办学机制，突破了以往同类研究将单个办学主体进行分类研究、现象描述的状况，研究更注重理论关切和实践价值，使研究结论可能更具有适切性、可用性。因此，结合继续工程教育的教育特点和办学特点，提出了多元主体协同办学机制的基本框架。

参考文献

[1] Abraham H. Maslow. Motivation and Personality. New York: Harper & Row. 1954: 22 –28.

[2] Adolf A. Berle; Gardiner C. Means. The Modern Corporation and Private Property. Transaction Publishers, New Brunswick, New Jersey, 1991: 60 –76.

[3] Andries de Grip, Wendy Smits. What affects lifelong learning of scientists and engineers: International Journal of Manpower. 2012, 33 (2): 583 –595.

[4] Arthur E. Paton. What Industry needs from university for engineering continuing education. IEEE Transactions on Education. 2002, 45 (1): 7 –9.

[5] Bengt Holmstrom; Paul Milgrom. Aggregation and Linearity in the Provision of Intertemporal Incentives. Econometrica. 1987, 55 (2): 303 –328.

[6] Bourne J; Harris D; Mayadas F. Online engineering education: Learning anywhere, anytime . Journal of Engineering Education. 2005, 94 (1): 131 –146.

[7] Brenda M. Capobianco, Heidi A. Diefes – Dux, Irene Mena and Jessica Weller. What is an Engineer? Implications of Elementary School Student Conceptions for Engineering Education. Journal of Engineering Education. 2011, 100 (2): 304 – 328.

[8] Chester Irving Barnard. The Functions of the Executive. Harvard University Press, 1971: 93.

[9] Chuck Elliott . Continuing Professional Development Division: On the Shoulders of Many Giants – A Brief History of the CPD Division of ASEE (1965 –2001)

. 2003: 51 -62.

[10] Dalia Omer. Enterprise and Innovation and PPPs in Germany: Recent Developments. European Public Private Partnership Law Review. 2010 (3): 132 -138.

[11] Darrell M. West. Big Data for Education: Data Mining, Data Analytics, and Web Dashboards. [EB/OL]. (2012 -09) [204 -10 -29].

[12] Don Adam. Extending the Educational Planning Discourse: Conceptual and Paradigmatic Explorations. Comparative Education Review. 1988, 32 (4): 400 -415.

[13] Donald W. Mitchell, Carol Bruckner Coles. Establishing a continuing business model innovation process. Business Strategy . 2004, 25 (3): 39 -49.

[14] Edward Lee Thorndike et al. Adult learning. Oxford, England: Macmillan. 1928: 2 -10.

[15] Engineering: Issues, Challenge and Opportunities for Development. UNSCO Report. 2010: 392.

[16] Eugene F. Fama. Agency Problems and the Theory of the Firm. The Journal of Political Economy. 1980, 88 (2): 288 -307.

[17] Evia O. W. Wong. Operationlization of strategic change in continuing education. Educational Management, 2005, 19 (5): 383 -395.

[18] Flemming K. Fink. Modeling the context of continuing professional development. Frontiers in Education Conference, 2001. 31st Annual. 2001.

[19] Freimut Bodendorf, Philip H. Swain. Virtual universities in? engineering education. Engineering Education. 2001, 17 (2): 102 -107.

[20] Guest, Graham. Lifelong Learning for engineers: a global perspective. European Journal of Engineering Education. 2006, 31 (3): 273 -281.

[21] Ichiro Kato, Ryuta Suzuki. Career "mist," "hope," and "drift": conceptual framework for understanding career development in Japan. Career Development International. 2006. 11 (3): 265 -276.

[22] James C. Williams. Frederick E. Terman and the rise of Silicon Valley. International Journal of Technology Management. 1998, 16 (8): 751 -760.

[23] James G. March, Herbert A. Simon. Organizations. Wiley - Blackwell. 1972: 102.

[24] John Lorriman. Lifelong learning in Japan. Journal of European Industrial Training. 1995. 19 (2): 8 - 17.

[25] John P. Klus. Distance Education from 1 to 26, 000 miles. European Journal of Engineering Education. 1995, 20 (2): 155 - 160.

[26] John V. Farr, Donna M. Brazil. Leadership Skills Development for Engineers. Engineering Management Journal. 2009, 21 (1): 3 - 8.

[27] Jones Mervyn. The renaissance engineer: a reality for the 21st century European Journal of Engineering Education. 2003, 28 (2): 169 - 179.

[28] Joseph M Biedenbach. Media - Based Continuing Engineering Education. Proceeding of The IEEE. 1978, 66 (8): 961 - 969.

[29] Kaoru Kobayashi. Adult business education programmes in private educational institutions in Japan. Journal of Management Development. 1996. 7 (2): 30 - 37.

[30] Klus John P et al. Engineers Involved in Continuing Education: A Survey Analysis. 1974: 29, 32.

[31] Mervyn E Jones. Engineering Education: Serving God or Mammon? Proceedings of the 12th World Conference Continuing Engineering Education (WCCEE 2010): 432 - 433. 431.

[32] Michael C. Jensen, William H. Meckling. Theory of the firm: Managerial behavior, agency costs and ownership structure. Journal of Financial Economics. 1976, 3 (4): 305 - 360.

[33] M. K. Masten. A strategy for industry's continuing education needs. Control Eng, Practice. 1995, 3 (5): 717 - 721.

[34] Nael Barakat. Managing and Optimizing Continuing Professional Development as Another Engineering Project. Proceedings of the 11th World Conference Continuing Engineering Education (WCCEE 2008): 332 - 336.

[35] National Academy of Engineering. the Engineer of 2020: Visions of Engi-

neering in the New Century. 2004: 24 – 47.

[36] National Academy of Engineering. Educating the Engineer of 2020. 2005: 7 – 18.

[37] Neil Paulsen, Tor Hernes. Managing Boundaries in Organization: Multiple Perspectives. Palgrave Macmillan. 2003: 13.

[38] Patricia A. Hecker. Successful consulting engineering: A lifetime of learning. Journal of Management in engineering. 1997, 13, 62 – 65.

[39] Paul A. Samuelson. The Pure Theory of Public Expenditure. The Review of Economics and Statistics, 1954a, 36 (4) . : 387 – 389.

[40] Paul A. Samuelson. Diagrammatic Exposition of the Pure Theory of Public Expenditure. The Review of Economics and Statistics, 1954b, 37 (4): 350 – 356.

[41] Paul Hager. Lifelong learning in the workplace? Challenges and issues. Journal of Workplace Learning . 2004, 16 (1): 22 – 31.

[42] Paul Marca et al. Managing Engineering Education in Turbulent Times. Proceedings of the 12th World Conference Continuing Engineering Education (WCCEE 2010): 139 – 146.

[43] Raymond E. Miles, Grant Miles, Charles C. Snow. Collaborative entrepreneurship: how networked firms use continuous innovation to create economic wealth. Stanford University Press. 2005: 44 – 45.

[44] Samii R, Luk N. Van Wassenhove, Bhattacharya S. An Innovative Public – Private Partnership: New Approach to Development. World Development. 2002, 30 (6): 991 – 1008.

[45] Terry S. Reynolds. The Education of Engineers in America before the Morrill Act of 1862. History of Education Quarterly. 32 (4), 1992: 459 – 482.

[46] The UK Royal Academy of Engineering . Educating Engineers for the 21st Century. 2007: 5 – 8.

[47] Weitzman, Martin L. The "Ratchet Principle" and Performance Incentives. The Bell Journal of Economics, 1980 (11): 302 – 308.

[48] Wijngaarde I. Developing of learning organizations within private sector in-

dustries, focusing on SME clusters. Knowledge Revolution, The Impact of Technology on Learning Proceedings. 1998: 279 – 279.

[49] Yacov Y. Haimes. Continuing – Education in Engineering. IEEE Transactions on Systems Man an Cybernetics. 1989, 19 (1): 2 – 5.

[50] 蔡建中. 网络教育学院办学模式创新的理论思考. 中国高教研究, 2005 (5): 68 – 71.

[51] 陈邦峰. 企业继续教育创新. 北京: 中国经济出版社, 2002: 41 – 43.

[52] 陈晋南. 继续工程教育的国际合作与竞争. 继续教育, 2005 (1): 13.

[53] 陈中华, 周重阳, 陈切峰. 深化继续教育办学体制改革　推进城乡教育统筹发展. 重庆大学学报 (社会科学版), 2011 (1): 151 – 156.

[54] 程银生, 张庆龙. 人事部组建以来继续教育工作大事记. 国防科工委继续工程教育, 1993 (2): 56 – 57.

[55] 刁庆军, 李建斌, 汤晓瑛等. 继续教育体制改革与转型的几点思考. 继续教育, 2008 (6): 14 – 17.

[56] 杜庆波, 张韦韦. 企业大学, 校企合作的新契机. 教育与职业, 2008 (4): 91 – 92.

[57] 段虎. 政校行企多元协同办学体制下实践教学管理的研究. 职业教育研究, 2014 (10): 58 – 60.

[58] 多纳迪奥. 任知恕译. 法国继续工程教育的经验. 国防科工委继续工程教育,1990 (3): 61 – 65.

[59] 顾明远. 教育大辞典. 上海: 上海教育出版社, 1991: 98, 381.

[60] 顾明远. 教育大辞典. 上海: 上海教育出版社, 2009: 228.

[61] 眭依凡. 办学体制多元化: 市场经济条件下高教办学模式的改革与选择. 江苏高教, 1993 (3): 19 – 21.

[62] 郭斌, 徐东升, 沈梅. 我国现代远程教育办学模式发展的路径变迁和创新. 中国成人教育, 2008 (3): 26 – 27.

[63] 韩丛艾. 建立现代企业继续工程教育制度. 上海成人教育, 1996

(3): 19 - 21.

[64] 韩丛艾. 建立继续工程教育与知识管理全面互动的体系. 教育发展研究, 2004 (9): 91.

[65] 郝克明. 跨进学习社会的重要支柱 - 中国继续教育的发展. 北京: 高等教育出版社, 2010: 655 - 656.

[66] 郝克明, 杨银付. 改革开放以来我国教育改革发展的若干启示. 教育研究, 2010 (3): 8 - 12.

[67] 赫尔曼·哈肯·协同学. 凌复华, 译. 上海: 上海译文出版社, 2005: 5 - 9.

[68] 黄藤. 民办高等教育在高等教育体系中的定位分析. 中国高教研究, 2002 (04): 47 - 48.

[69] 居云峰. 发展继续教育 促进科技创新. 继续教育, 2000 (5): 9.

[70] 蓝劲松. 办学体制与管理体制: 台湾海峡两岸高等教育之比较. 江苏高教,2001 (1): 104 - 107.

[71] 陆跃峰. 论科学技术进步与高等教育发展的协同性 (上). 高等教育研究, 1991 (1): 30 - 38.

[72] 陆跃峰. 论科学技术进步与高等教育发展的协同性 (下). 高等教育研究, 1991 (3): 27 - 37.

[73] 蒋莉. 多元办学体制改革: 对《职教法》修订的思考. 成人教育, 2009 (12): 8 - 10.

[74] 孔寒冰. 国际工程教育前沿与进展. 浙江: 浙江大学出版社, 2007: 145.

[75] 拉尔夫·D·斯泰西. 组织中的复杂性与创造性. 宋学峰等, 译. 成都: 四川人民出版社, 2000: 282 - 283.

[76] 李承宏. 基于组织知识获取和创新的管理的协同机制研究 [博士学位论文]. 天津: 天津大学管理学院, 2007.

[77] 李锋亮, 李曼丽. 专业知识与工程师的过度教育. 高等工程教育研究, 2011 (4): 37 - 44.

[78] 李国斌, 屈兵. 终身教育及几个相关概念探幽. 湖北大学成人教育学

院学报，2010（3）：22－25.

[79] 李曼丽．工程师与工程教育新论．北京：商务印书馆，2010：37.

[80] 厉以宁．教育的社会经济效益．贵州：贵州人民出版社，1995：80.

[81] 理查德·L·达夫特．组织理论与设计．王凤彬等，译．北京：清华大学出版社，2011：12.

[82] 林健．卓越工程师培养—工程教育系统性改革研究．北京：清华大学出版社，2013：67，74－75.

[83] 刘长平．我国继续教育中的校企合作办学模式分析．中国远程教育，2006（6）：26－30.

[84] 刘阳春．继续工程教育经济效益计量评估的特点与方法．继续教育，1992（4）：22－25.

[85] 刘铁．高等教育办学体制改革的理论视角．高教探索，2004（3）：21－24.

[86] 刘蔚如．清华大学教育扶贫十年回顾．（2014－03－05）．[2015－01－13] http：//www.tsinghua.edu.cn/publish/newthu/newthu_cnt/education/edu－4－4.html

[87] 路甬祥，薛继良．继续工程教育是我国高等教育的重要组成部分．求是与创新．杭州：浙江大学出版社，2012：213－216.

[88] 曼古托夫．工程师纵横谈．李成滋等译．银川：宁夏人民出版社，1985：79.

[89] 彭云．江苏南通地区幼儿园办学体制改革调查的结果与分析．学前教育研究，2002（5）：18－21.

[90] 饶燕婷．“产学研”协同创新的内涵、要求与政策构想．高教探索，2012（4）：29－32.

[91] 宋迎清．成人高等教育管理体制的现状与改革方向．继续教育研究，2010（6）：23－24.

[92] 柿内幸夫，佐藤正树．现场改善．许寅玲译．北京：东方出版社，2011：178－179.

[93] 孙寅生．论社会发展的协同机制．求实，2015（1）：62－69.

[94] 陶西平．推动民办教育事业的合理转型．教育发展研究，2005（10）：5－8.

[95] 藤本隆宏．能力构筑竞争．许经明等，译．北京：中信出版社，2007：84.

[96] 韦讲．构建多元化办学体制 实现高等教育新发展．黑龙江高教研究，2004（6）：11－12.

[97] 武斌．关于中外合作办学模式的探讨．中国高校后勤研究，2002（6）：25－27.

[98] 吴峰．终身学习在行业中的发展趋势——企业大学与企业 E－learning. 中国远程教育，2012（3）：17－22.

[99] 邬大光，卢彩晨．艰难的复兴广阔的前景—我国民办高等30年回顾与前瞻．中国高教研究，2008（10）：12－16.

[100] 邬大光．高等试论高等教育管理、办学与投资体制改革的相关性．教育研究，1999（2）：23－26.

[101] 王宝祥，刘宏博．我国协同教育发展概况和促其健康发展的建议—关于协同教育的初步研究．教育科学研究，1999（6）：82－90.

[102] 王端庆，等，全程关注工程师的养成，构建工程人才培养新模式．高等工程教育研究，2007（4）：28－32.

[103] 王善迈．教育服务不应产业化．求是，2000（1）：52－57.

[104] 王善迈．社会主义市场经济下的中国教育体制改革．北京师范大学学报（社会科学版），1994（6）：42－48.

[105] 王欣．从系统的观点看我国高等教育体制改革．高等教育研究，1994（2）：13－17.

[106] 王妍，韩梅，李珊珊．特殊高等教育协同发展模式研究——以成人远程特殊高等教育与全日制特殊高等教育的合作为例．成人教育，2014（5）：43 47.

[107] 威廉·大内．Z理论．朱雁斌译．北京：机械工业出版社，2007：53－71.

[108] 希恩．教育经济学．郑伊雍，译．北京：教育科学出版社，

1980：65.

[109] 夏征农，陈至立．辞海，第三卷．上海：上海辞书出版社，2009：1605，2238.

[110] 现代汉语词典．北京：商务出版社．2012，790.

[111] 肖运鸿．德国中小企业技术进步的促进措施．中国中小企业，1998（8）：16－17.

[112] 谢可滔．职教市场人才——民办高校的探索与实践．中国高等教育，2000（12）：46－47.

[113] 徐冬青．办学体制多元化的产权关系与运行机制研究．教育评论，2000（5）：13－14.

[114] 许勇，方岳伦，何穷．宝钢继续教育实践与探索．继续教育，2002（2）：36－39.

[115] 许勇．宝钢培训项目后评估探索与实践．继续教育，2011（11）：5－7.

[116] 闫智勇．多元视角下继续教育概念的重新界定．继续教育研究，2010（2）：8－12.

[117] 杨浚．在全国继续工程教育经验交流会上的讲话．国防科工委继续工程教育，1987（1）：8－11.

[118] 于化泳．关于继续工程教育模式的研究［硕士论文］．黑龙江：哈尔滨建筑大学经济管理系，1996.

[119] 余寿文，王孙禺．中国高等工程教育与工程师的培养．高等工程教育研究，2004（3）：1－7.

[120] 张光斗，王冀生．中国高等工程教育．北京：清华大学出版社，1995：1－98.

[121] 张光斗．工程教育要面向经济建设．高等工程教育研究，1983（1）：3－6.

[122] 张维．迎接二十一世纪的挑战—对我国工程教育改革与发展的几点设想．自然辩证法研究，1999（8）：1.

[123] 张宪宏．继续工程教育的经验和问题．国防科工委继续工程教育，

1987（1）：18－20.

［124］张宪宏．我国近年来继续工程教育的回顾．继续工程教育，1989（2）：2，5.

［125］张孝楣．企业继续工程教育经济效益评估初探．继续教育，1991（4）：23－24.

［126］张沂民．社会主义市场经济与继续工程教育办学取向．石油化工管理干部学院学报，1994（1）：28－32.

［127］张志坚．“政校企外”四方合作办学体制的构建与实践．教育与职业，2013（6）：30－32.

［128］赵庆典．新中国高等学校办学体制 50 年发展与展望．辽宁教育研究，2002（11）：12－16.

［129］郑刚．基于 TIM 视角的企业技术创新过程中各要素全面协同机制研究［博士学位论文］．浙江：浙江大学管理学院，2004.

［130］周彬．论基础教育办学体制改革中的政策选择．国家教育行政学院学报，2008（3）：3－8.

［131］周建高．日本的终身学习．天津：天津人民出版社，2010：145.

［132］中国工程院．中国工程师制度改革研究报告．2008：16. 内部资料．

［133］中国工程院．关于高层次工程科技人才成长规律研究综合报告．2007. 内部资料．

［134］蛭田道春．终身学习规划．牛黎涛译．北京：中国广播电视出版社，2009：120.

附录A

调查提纲

调研访谈提纲一

访谈对象

继续工程教育办学机构负责人、继续工程教育主管领导以及人力资源部门教育培训工作负责人

访谈目的

①了解继续工程教育办学主体有关继续工程教育的办学情况、办学形式、管理措施、经验教训、取得的成就、存在的困难与问题以及未来发展方向。

②了解访谈对象对业务主管部门以及政府相关机构推动继续工程教育办学的现状判断、政策措施以及政策建议与期望。

访谈提纲

①办学机构基本概况介绍，包括其行政隶属关系、办学经营情况、专业优势和办学特色。

②办学机构的基本办学条件和办学设施，办学经费来源情况以及办学经济效益和成本核算。

③其在继续工程教育市场招生情况如何？采取哪些措施来满足市场需求？办学质量管理有哪些具体措施？

④其在继续工程教育办学过程中是否与其他机构有过合作？选择合作模式的原因是什么？合作中遇到哪些问题？对解决这些问题有什么建议？

⑤其对继续工程教育协同办学的前景有着怎样的评价和判断？其认为相关协作方应该有哪些？各自的职责和分工是什么？

⑥对我国继续工程教育办学体制和机制创新有何看法？有关政策存在哪些

问题以及有哪些重点政策需求？

资料收集

①办学机构基本办学概况资料，包括每年的培训人数、开班情况、人员情况、成本和利润核算等（电子文档或书面资料）。

②继续工程教育合作相关文件，包括相关发展规划、工作报告、合作记录和会议文件等（电子文档或书面资料）。

调研访谈提纲二

访谈对象

继续工程教育办学机构中教学管理主管、培训项目负责人以及培训教师访谈目的

①了解继续工程教育培训项目的市场宣传、项目研发、教学安排、项目运作以及项目评价考核的具体情况。

②了解继续工程教育培训教师的专业背景、薪酬待遇以及参与继续工程教育研究的基本情况。

访谈提纲

①培训项目从市场宣传、项目研发、教学安排、项目运作各个阶段的具体情况，存在哪些问题？如何解决这些问题？

②办学项目的特色如何体现？定位于哪些工程师群体或个体？优势和劣势有哪些？在具体项目实施中如何发挥优势、克服劣势？

③培训项目结束后，参加学习的工程师的培训情况如何评价？有无后续的学员服务或增值服务？

④参与培训的教师来自于哪些组织？是专职还是兼职？如果是兼职，教师的本职工作和培训工作有哪些联系？有哪些区别？

⑤对于继续工程教育的成人特性，教师在教学方式和教育技术方面有哪些具体的改进？对网络教学有哪些认识？参与程度如何？

⑥教师除了授课之外，是否参与项目的研发？教师的授课质量如何评价？如何进行反馈？

资料收集

①具体培训项目的计划书、实施情况记录、考评记录、参加学习的工程师的基本情况（电子文档或书面资料）。

②教师的教学文件和课件，包括教学安排、教案、教材、教学演示内容等（电子文档或书面资料）。

附录B

工程师学习需求调查问卷

您好！非常感谢您参与本次企业工程师教育、进修情况问卷调查！

本项调查旨在了解企业工程师在大学毕业后进入企业工作后的教育、进修情况，科学、客观反映工程师的职业发展状况、教育情况以及两者之间的联系，为满足工程师的教育需求、完善工科院校教育和企业教育的衔接体系、建立院校、企业之间的产学研战略合作关系提供准确的实证依据。请您在相应项目打“√”，若有横线项目和表格项目，请填写答案。

本调查为无记名调查，调查结果仅用于汇总统计分析，不会公布任何个人及其单位的信息，务请如实回答问卷，再次感谢您对本次调查工作的合作与支持！

一、您的基本情况

1. 您的性别：A. 男；B. 女（请在相应项目打“√”）

2. 您出生于哪一年？　19 ________年。（请标注）

3. 您在进入本企业工作之前的毕业院校：________________

1）您的学历层次：A. 本科生　B. 硕士生　C. 博士生　D. 其他________

2）您的学科专业：________________专业

4. 您于哪一年进入本企业工作？________年

二、您的工作信息

5. 您目前的工作岗位为：________岗位

6. 您目前的专业技术职称为：

A. 初级　B. 中级　C. 高级　D. 其他________

7. 您目前的职位级别为：

A. 基层　　B. 中层　　C. 高层　　D. 其他________

8. 您与企业签订的劳动合同期限为几年？________年。

9. 您目前所从事的工作与您所学专业的相关程度如何？

A. 完全相关　　B. 基本相关

C. 有一些相关　　D. 不相关

三、您的教育情况

10. 目前，您是否需要参加学历教育，提升自己的学历水平？

A. 是　　B. 否

如果您需要参加学历教育，您最希望学习的专业是什么？________专业

11. 目前您是否需要参加职业培训，提升自己的技能水平？

A. 是　　B. 否

如果您需要参加职业培训，您最希望的培训的技能是什么？________技能

12. 您在以往教育、进修期间的工资与平时的正常工资相比：

A. 高于正常工资　　B. 等同于正常工资　　C. 低于正常工资　　D. 不知道

13. 对于企业向您提供的教育、进修机会，您怎样看待企业的这种行为（可多选）？

A. 企业发展的需要　　B. 企业提供的福利待遇　　C. 企业的激励措施　　D. 企业人才资源储备　　E. 企业重新安排我的工作　　F. 一般企业都会这样做

14. 您认为进入企业工作后的教育、进修活动对您的职称、职位晋升的作用程度如何？

A. 非常有帮助　　B. 比较有帮助　　C. 有基本帮助　　D. 没有帮助　　E. 不知道

15. 您目前所接受的教育、进修以及自学情况是否能够满足个人职业发展的需要？

A. 完全能满足　　B. 比较能满足　　C. 基本能满足　　D. 不能满足　　E. 不知道

16. 您个人在参加教育、进修方面，存在的困难有哪些（可多选）？

A. 工作压力　B. 生活压力　C. 费用承担　D. 时间成本

E. 学习能力　F. 竞争压力

17. 您愿意为企业的教育、进修制度提出哪些方面的建议（可多选）？

A. 教育方式　B. 学习时间　C. 师资情况　D. 学习地点

E. 教育费用　F. 教学内容　G. 成绩评价　H. 奖励措施

18. 对于脱产的专业技术学习，您认为多长的学习时间合适？

A. 一周至一个月以内　B. 一个月至半年以内　C. 半年至一年以内

D. 一年及以上

19. 对于下列几种学习方式，您愿意选择哪种模式（可多选）？

A. 课堂面授　B. 远程网络　C. 师带徒　D. 小组学习

E. 问题研讨　F. 参观考察

20. 如果您有机会参加一个月以内的专业技术学习，您愿意选择在哪里学习（可多选）？

A. 高等院校　B. 本企业培训中心　C. 民办培训机构

D. 工作现场　E. 合作单位　F. 其他

21. 根据您的职业发展规划，您认为下列教育内容对您的职业发展的影响程度如何？

（5－非常有用，4－比较有用，3－稍微有用，4－一般，5－没有用，请在表1相应栏目填写√）

表1　知识技能及其对职业发展的帮助程度

	非常有用	比较有用	稍微有用	一般	没有用
哲学、人文知识					
专业知识及技能					
管理知识及能力					
职业素养					
认知和沟通能力					

22. 根据您的观点，您认为下列办学条件对教育、进修效果的影响程度如何？

（5－非常有用，4－比较有用，3－稍微有用，4－－一般，5－没有用，请在表2相应栏目填写√）

表2 办学条件对教育进修效果的影响程度

	非常重要				
比较重要					
稍微有用					
一般					
没有用					
教学设备					
师资水平					
课程内容					
教学管理					
食宿条件					

附录C

部分访谈记录

访谈记录一

时间：2010 年 10 月 20 日上午 10：00－12：00

地点：清华大学科技园创新大厦

访谈对象：国际继续工程教育协会副主席、清华大学副校长、继续教育学院院长胡东成教授

田：胡院长，您好！很高兴您在百忙之中接受我的访谈。请问中国继续工程教育在世界继续工程教育发展中的地位如何？世界继续工程教育目前的发展状况如何？

胡：中国继续工程教育从 70 年代起至今有了很大发展，特别是在专业技术人才培养的规模和数量上有了巨大发展，引起世界的关注，世界各国普遍看好中国庞大的市场，但是中国工业化阶段还未完全实现，继续工程教育的可持续发展问题应该引起国家足够的重视，以清华大学为例，党政干部、企业家和工程技术人员三支队伍的培训中，工程技术人员的培训不尽人意，清华大学作为全国重点工科大学，理应在工程技术人员教育培训中发挥表率作用。从世界范围来看，许多发达国家和地区都在努力探索继续工程教育可持续发展规律，主动寻求继续工程教与市场经济相结合的产业化之路。可以说，面向市场建立灵活高效的产业机制，按照企业规律管理教育培训机构，是全球继续教育发展的共同趋势。美国凤凰城大学、纽约大学和香港大学堪称成功的楷模。

田：您刚才提到继续工程教育的产业化问题，请问高校继续教育如何产业化？

胡：高校继续教育不能笼统地说产业化，但是继续教育特殊的经济性决定

了它要按企业模式运作，继续教育可以也应该成为一种形式的产业。目前我国新一轮工程技术人才严重不足、国家新的开发区科技人才的严重短缺，但是继续教育的体制机制问题已经影响到继续教育能否实现新的跨越和突破。如何更好地体现教育公益性和经济性，如何把继续教育事业做大做强，的确是一项严峻课题。引入现代企业管理制度，探索非营利独立法人体制模式，使继续教育学院成为独立法人实体，具有独立法人资格，高校继续教育才能有新的转折。

田：您一直以来十分重视高校继续工程教育的理论研究工作，并鼓励学院员工在培训工作中多进行总结研究，您认为继续工程教育的重点研究在哪里？

胡：我从这些年的实践中感到，体制机制上的深层次问题很可能成为未来制

约继续教育可持续发展的重要障碍，对继续教育体制机制的调查研究和深入思考应该提上议事日程。多进行国别研究，在办学方式、方法、内容和经费方面进行比较，找出中国特色的办学模式。

访谈记录二

时间：2014 年 4 月 17 日下午 1：00－2：00

地点：清华大学 FIT 楼

访谈对象：终身教育工作委员会副理事长、国家教育咨询委员会终身学习体制机制建设咨询专家、全国高校现代远程教育协作组秘书长，原清华大学教育培训管理处处长严继昌教授

田：严老师您好！教育培训在学校工作中的地位和作用有哪些变化？清华大学远程教育的发展思路有哪些？

严：以清华大学为例，要发展研究型大学，研究生的规模不断扩大，平均年龄在提高，所以成人教育的概念已经不再局限于非学历教育。大学的任务是人才培养、学科发展、社会服务和文化传承，学校教育不能脱离社会，本科打基础，研究生上水平，继续教育增强活力。大学一定要办继续教育，是大学的“本分”，但是目前继续教育在高校是边缘化角色。远程教育的基础是教育，学校要打破资源的封闭，办“没有围墙的教育”，促进教师的进步，更多参与到在线教育中。远程教育的最大特点是参与性和互动性，可以实现学生的“宽进严

出”，MOOC课程和微课程的出现，促进了远程教育的课程建设。从2013年起，清华大学远程教育退出学历教育，专门从事非学历教育，目前的规模还比较小，需要做战略转型。

田：您作为终身教育咨询专家，对我国终身学习体制建设有哪些看法?

严：终身教育主要有两大部分，一部分面向社会的，主要由社区教育、开放教育来实现，另一部分面向劳动人口，主要向行业、企业提供高素质的劳动力，主要由学校教育来实现。终身教育是一个庞大的社会工程，需要协调社会力量、各大部委共同建设，所以要做好国家的顶层设计，在管理体制上实现，我和一些专家学者、政协委员一直在呼吁国务院终身教育促进委员会的设立，教育部要设立继续教育司。要加快终身学习法的立法进程，终身学习法、教育投入法、学校法等教育法规要尽早建立，现在一些政府规定形同虚设、无具体措施，要重视终身学习法的研究工作。

田：在互联网时代，在线教育的发展前景如何?对于工程类培训，在线教育是否存在局限性?

严：在线教育是继续教育的总体发展趋势，它促进了教育链、人才链和产业链的融合。对于一些工程类培训，在线教育存在一定的局限性，但主要是人们思想观念需要改变，以及技术问题需要解决。

访谈记录三

时间：2014年6月28日下午4：00－5：00

地点：美国斯坦福大学工学院报告厅

访谈对象：宝钢集团人才开发院院长冯爱华

田：冯老师您好！谢谢您在会议间隙接受访谈，宝钢一直以来是国内企业继续工程教育的领军企业，请您介绍一下近几年宝钢继续工程教育的发展情况。

冯：宝钢从创立之初就十分重视人才培养和校企合作，可以说宝钢发展的30年，就是宝钢教育培训发展和完善的过程。2007年宝钢人才开发研究院成立，成为承担公司员工培训和人才开发的业务单位，培训覆盖整个集团，今年人才开发院成为国家高技能人才培养基地，为行业高技能人才培训将发挥更大作用。从工作思路来讲，集团公司提出来增强企业软实力、提高核心竞争力的战略规划，制定了2010—2020人才队伍建设规划，人才开发院将与公司战略发展目标匹配，加强国际交流合作，努力成为世界一流的企业大学。

田：对于专业技术人员培训存在的困难，宝钢有哪些举措来解决这些问题？

冯：宝钢人才队伍分为经营管理、技术业务和技能操作三支队伍，特别是技能人才队伍建设尤为重要。他们是产品的直接生产者，他们的技能水平直接影响产品的质量、成本甚至安全，技能的提高最终要靠培训。特别是近年来“90后”“00后”员工进入宝钢，一方面年轻员工的思维方式有着时代特征，高技能员工的培养周期较长，另一方面技能培训的成本在上升、特别是师资成本，针对这些问题，对年轻员工的培训，在传授知识和技能的同时推进企业文化和价值观的学习，重视员工心灵的融合；培训要公平，基层员工、班组长、作业长等培训要确实为其履职提供支撑，减少重复培训，避免浪费资源和时间；各级管理人员开展自学，2013年底宝钢移动学习平台上线，更多微课程上线，更多实现员工随时随地、碎片式学习。

田：宝钢提出了一流企业大学的发展目标，请您谈谈对企业大学的认识？

冯：企业大学绝不仅仅是企业培训中心更名而已，它需要很多的硬件和软件指标的建设。企业大学不仅要为企业的发展提供人才培养，还要与企业的人力资源配置相结合，培训体系的方向、目标、责任主体必须明确，特别是培训课程、培训标准、计划要形成有机联系的整体，真正能为员工的职业远景结合起来，为员工提供上升的台阶和渠道。此外，海外合作交流、在线学习平台建设也是宝钢人才开发院需要进一步加强的工作内容。

访谈记录四

时间：2014年5月8日下午3：00－5：00

地点：北京中国机械工程学会会议室

访谈对象：中国工程教育认证协会机械类专业认证分委员会秘书长、中国机械工程学会继续教育处副处长王玲高级工程师

田：王老师您好！中国机械工程学会是国内很有影响的专业学会，先请您介绍一下学会的基本情况，特别是继续教育的情况。

王：中国机械工程学会在全国有较大影响力，已经形成庞大的网络组织体

系分别于不同行业企业、省市、专业领域，特别在机械行业发挥着较大作用。会员会费主要用于国际国内会议的举办，为行业、企业和工程技术人员搭建交流沟通的平台，从另一个角度来说也可以说是培训；安排参观，提供资料（公开发行的刊物、内部通讯等）宣传国家政策、工业信息、会议信息等。学会是非盈利、公益性组织，注重社会影响力和社会形象。由中国科协、中国机械联合会、民政部共管，应该是非经营性咨询机构，但目前还属于行政事业单位。

田：学会与机械行业企业有着紧密联系，请您介绍一下企业基层工程师的工作和学习情况。

王：我国机械行业企业利润薄，操作技能要求高，但工程师待遇低、地位低，高级工程师很难有上升空间，一些年轻人不愿意在基层工作，不愿意在专业上进取，存在官本位现象。由于组织措施不到位，存在工程师渴望（专业）组织、找不到（专业）组织的问题，得不到社会认同；由于经济效益等原因，企业也不希望工程师到外面学习，比如在国内外技术交流会上，国外企业是技术专家、工程师居多，国内企业是企业领导、管理干部居多；特别是中小企业高素质人才缺乏，技术水平低，基本没有核心技术，而是低级重复制造。国家在工程师定义、待遇、制度建设方面组织不到位、措施不到位、组织架构不清楚，使得企业不重视学术交流、工程师积极性不高，系统性设计差。此外，机械行业的工程师培养需要较长时间，企业和工程师个人之间缺乏长期有效的契约，工程师的职业道德和职业操守需要加强。

田：学会的继续教育是如何进行管理的？您觉得在办学过程中，最大的困难是什么？

王：学会的继续教育主要包括专业认证、资格认证和继续教育三部分工作，专业认证工作是目前重点工作，在政府推动下，开展起来得心应手；资格认证由中国科协批准，有一定的社会影响力，稳定顺利发展；由于高校扩招以及社会培训机构发展，继续教育的开展最为困难。由于体制编制的原因，不能实现市场化运作；没有稳定的师资群体，缺乏课程开发能力；虽然有大量的新技术、新工艺的国内外信息，这些资源不能及时传播出去。从战略发展上，学会应该在行业和企业的咨询服务、帮助企业解决问题、与下属专业协会联合举办技术培训、对口交流等方面发挥更大作用。

访谈记录五

时间：2014年6月24日下午4：00－5：00

地点：美国斯坦福大学工学院办公室

访谈对象：斯坦福大学专业发展中心执行董事保罗·马克

田：保罗先生您好！非常感谢百忙之中接受访谈，请您介绍一下开SCPD开展继续工程教育的情况，据我了解，SCPD是自负盈亏机构，如何实现经济效益和大学使命之间的平衡？

保罗：斯坦福工学院非常重视继续工程教育，继续教育学生与在校学生拥有同等的权利，大学使命、教师利益和SCPD效益共同构成工学院的主要工作目标。SCPD的继续教育分为非学历的职业培训和授予学位的研究生项目，获得的总收入在授课教师、参与院系和SCPD之间进行分配，对于非学历教育，分配比例从高到低依次是授课教师、参与院系、SCPD；对于学历教育，分配比例从高到低依次是参与院系、授课教师、SCPD。工学院教师普遍愿意参与继续教育，他们的权益得到保护，他们的课程内容对项目的开展非常关键，SCPD主要负责项目的市场拓展和组织协调。

田：特曼先生开创的优先合作项目Honor Coop Program发展情况如何？近年来该项目有哪些变化？

保罗：特曼先生是工学院继续教育的开创者，他创设的校企合作项目得到了延续，优先合作项目一直是SCPD的重点继续教育项目，以电子工程为起点，授予了美国首个继续工程教育研究生学位，为硅谷培养了很多高层次技术人才，该项目使工学院与工业界紧密联系，提高了企业对智力开发和投资重要性的认识，同时为学院开拓了财源。近年来，该项目与企业开展更多类型的合作，特别是结合在线教育，给企业工程师提供了更方便的学习机会，允许企业工程师在不离开企业的情况下，通过在线学习方式获得学位。

田：在线教育给SCPD开展继续工程教育带来了哪些变化？

保罗：SCPD是美国高校最早开展远程教育的高校，从最初的电视网到如今的Stanford Online，与加州伯克利学院、麻省理工学院等高校联合致力于工程技术领域全球学习社区的建设，每年向全球90个国家的学生提供10000小时的研究生和职业培训课程，通过技术、经济和人的价值的融合，实现继续工程教育的创新。教学可以在斯坦福校内或企业进行，或通过网络在线，或结合线上及线下模式进行。SCPD特别重视中国教育培训市场的开拓，希望与清华大学在远程教育方面有更多的交流合作。

访谈记录六

时间：2012年9月6日上午9：00－11：00

地点：无锡阿尔卑斯电子有限公司总经理办公室

访谈对象：无锡阿尔卑斯电子有限公司总经理箱崎武

田：箱崎武先生您好！请您介绍一下公司的基本情况。

箱崎武：非常感谢你来公司调研，也希望与清华大学有更多的交流合作机会。ALPS是国际社会一员，就像公司行动指针所述，“努力理解世界规则及文化，公平地行动”。无锡APLS成立于1995年，是第一家在中国设立的独资公司，员工5千多名，常驻日本人11人，采用ALPS管理模式和技术，学习态度、5S意识、改善意识和MOTTINAI意识是员工重要的工作规范。教育方针是公司的常规工作，实行全员学习制度，按照不同的职群和职位参加学习培训，有500多名员工到日本公司总部技能所接受培训。培训费用包括为培训而支付的交通费、住宿费、培训费、参会费、考试费、伙食补贴和日津贴由公司负担，公司的教育经费按需支出。

田：请箱崎武先生进一步介绍一下公司学习态度、5S意识、改善意识和MOTTINAI意识。

箱崎武：学习态度是员工要认识到教育每一天，拿着薪水在学习；上司、前辈具有丰富工作经验，除了遵守他们的工作指示外，还应积极向他们请教。5S意识是指整理、整顿、清扫、清洁和修养，是提高工作环境、品质和效率的有效方法。改善意识是要贯彻“生产更好的产品、提供更优的服务”的品质意识，持续不断地改善工作。MOTTINAI意识不仅指不浪费、节约，还有珍惜使用的意思，公司希望员工意识到“我们只有一个地球”，不仅在公司，在家庭中也自觉实行“MOTTINAI”。

田：我注意到公司里一个普遍现象，员工随时随地都带着一本相同样式的笔记本，随着打开，随时记录，请先生解释一下。

箱崎武：作业手顺书是员工的工作规范，要求员工及时记下。它融入了过去的珍贵经验，对于安全、品质、效率等关键指标的记录是最合适的工作规范，必须遵守。此外，做好工作进程、业务信息的记录，在此基础上进行的报告、联络、商量才是有效的、可信赖的。

附录D

典型案例

案例一：宝钢集团公司

宝钢集团公司（简称宝钢）是以钢铁为主业的国有重点骨干企业，是中国最大、最现代化的钢铁联合企业，钢铁产量居世界前列。在宝钢发展三十多年实践中，继续教育也经历了起步、开拓、改革和完善起来的二十多年的发展历程，持续不断地为宝钢的发展培养和输送了一大批合格的工程技术人员和工程管理人员。宝钢人才开发院成立于2007年9月，是宝钢员工教育培训基地，也是管理研究基地和员工创新活动基地，承担着对宝钢全体员工进行分类分层培训的职能。2013年全年宝钢培训总投入13199.2万元，人均培训课时73小时，人均培训投入1008元。

宝钢从建厂伊始就十分重视与国内外高校的合作、交流和培训，校企合作成效显著。以聘请高校教师来企业讲学、送中青年骨干到高校深造、合作开展专题研修、合作编写继续工程教育教材、合作办学等形式开展合作，以企业在生产、经营、研发以及人才培养过程中遇到的实际问题为切入点，以此作为课题，校企双方共同努力解决、共同受益。企业投入一定的物质、资金支持与高校的合作，并设立了金额高达一亿元的教育基金，对有突出贡献的高校教师和学生进行奖励。

宝钢积极开拓并建立了与国外大企业和高校的联系，开展海外培训和专业技术交流。与美国加州伯克利大学、英国卡的夫大学、德国北方技术大学、瑞典皇家工学院、芬兰赫尔辛基工学院等高校建立了良好的教育合作关系，向这些国外合作院校派出员工进行中短期培训、实验室短期工作学习、学位学习等。与日本三井物产株式会社、美国林肯电气公司、芬兰肯比公司等国外知名企业开展专业技术交流，采取“送出去”和“请进来”的方式开展双向交流活动。通过拓展国际化培训渠道，不断加强国际化、高层次、有竞争力人才的培养。

宝钢围绕企业的战略发展目标，编制了《宝钢集团人才队伍建设中长期规划（2010—2020）》，确立了高技能人才发展计划、国际化人才发展计划等十一项人才培养工程，建立了与企业发展战略相适应培训评价体系。其中，专业技术人员层级培训体系是宝钢员工分层分类培训体系的重要组成部分，它分为核心层、中坚层、骨干层和潜在层四个层级，以及岗位培训、能力提升培训和专项知识培训三大系列，以专业技术人员层级培训体系的建设与实施为重点，不断推动企业继续工程教育的发展与创新，形成了鲜明的办学特色。同时，完善企业人事管理体制和运行机制，建设人才成长的学习型企业，营造人才辈出的良好氛围。

宝钢人才开发研究院与公司人力资源部建立了较完善的培训质量管理体系。依据世界上广泛采用的培训评估工具柯氏模式，制定了宝钢的教育培训的管理制度和实施细则，并且纳入到企业综合管理评估体系中作为考核指标。具体培训工作按照 PDCA（计划、实施、检查和行动）原则，以项目安排、教学方式、服务质量的满意度等作为考核培训工作业绩的主要指标，形成制定计划、培训实施、效果检查、持续改进的闭环控制，实现培训全过程的质量管理。

目前，宝钢专业技术人员培训难度加大、成本上升；在线教育项目的比例偏低，仅占总培训项目的 10% 左右。所以，整合面向员工、资源共享的网络学习系统，成为宝钢培训积极探索的重点问题。同时，宝钢人才开发研究院致力于社会不可替代的培训和研究，以期成为与宝钢发展战略目标相匹配、具有宝钢特色、世界一流的企业大学。

案例二：清华大学

清华大学的继续工程教育办学始于 20 世纪 50 年代举办的成人“夜大学”。

1985 年成立了清华大学继续教育学院，2002 年进行管理体制改革，学校成立了教育培训管理处，继续教育学院实行实体化运作，逐步探索高校继续教育的现代管理体系的建立。经过多年的改革探索与发展实践，继续教育正逐步成为清华大学人才培养体系重要组成部分，开放式、规模化以及专业化的办学模式正在形成，清华大学的高质量的办学声誉已经在全国产生了广泛积极的影响并取得了良好的办学效益。清华大学继续教育学院在全国最早成立，形成了党政人才、企业经营管理人才和专业技术人才三支队伍的培养的办学规模。

清华大学远程教育已形成了一套比较完整的适合远程教育特点的管理体系，在全国范围内先后建立了近四千个教学站（校外学习中心），基于有线电视广播网、卫星数字网、互联网“三网合一”的现代远程教育传输系统已经形成，相继开展了成人学历教育和非学历教育。其中，始于1998年的计算机应用技术和企业管理专业远程研究生课程进修班，9000余名企业在职人员注册参加了课程学习，结业学员3046人，其中70人取得了硕士学位；始于2000年的远程成人学历教育，累计在册艺术设计和计算机应用专业的专升本学生人数达12000余人，毕业5262名。2004年，根据学校总体发展规划，远程教育将人才培养定位于非学历教育，先后启动远程教育扶贫项目、军队转业干部教育培训网络课堂、企业班组长管理能力资格认证网络课堂等项目，为服务企业基层、促进教育公平和社会大发展探索远程教育新模式。

从2003年起，依托远程教育平台，在全国率先开展教育扶贫工程，免费将清华大学优质教育资源传送到中国最贫困地区，为贫困地区民众提供教育服务，搭建了知识扶贫、多元化人才培养、社会资源整合的信息平台。数据统计显示，清华大学已经在全国五百多个贫困县建立远程教学站三千多个，提供的远程和面授课程每年超过两千多学时，培训人次累积一百多万。其中，通过远程和面授相结合的培训方式，为基层地区培训技术人员建立远程培训体系，开展面向基层的培训活动。截至2014年底，培训基层医药卫生人员、技术员共四万多人。清华大学教育扶贫工作已经成为全校师生共同参与的一项长期的公益工程。

清华大学继续教育学院积极推动我国教育培训机构标准的建设，引进国际继续工程教育协会（I A C E E）的D A E T E自我评估模型（The Development of Accreditation in Engineering Education and Training，DAETE），致力于评估标准的本土化工作。D A E T E是在欧洲质量管理评估模型EFQM（European Foundation for Quality Management，EFQM）的基础上改进和修订的，用于培训机构的质量管理和组织运行的评定。此外，与全球企业大学评价标准专家委员会合作，对企业大学评估标准体系的整体框架设计和关键指标进行修改和完善，以推动企业大学的规范运营、引导企业大学健康发展。

面对继续工程教育新的需求变化，清华大学在学校综合改革方案指导下，稳步推进工程硕士和工程博士的培养，加强和扩大专业技术人员培训力度、探索在线教育新模式、树立精品培训项目，力争为继续工程教育的发展注入新的活力。

案例三：中国机械工程学会

中国机械工程学会中国机械工程学会是由以机械工程师为主体的机械科学技术工作者和在机械工程及相关领域从事科研、设计、制造、教学和管理等工作的单位、团体自愿结成并依法登记的社会团体，是全国性的非营利性社会团体法人，是中国科学技术协会的组成部分。中国机械工程学会成立于1936年，是我国规模最大、成立较早的工程学会之一，现有34个专业分会，18万会员，其中有3000余名高级会员，500余名通讯会员，还有4000余个单位会员。中国机械工程学会经过多年的发展确立了会员是学会的主体地位，为会员服务是学会的主要任务。

1983年，原机械工业部和中国机械学会联合办学成立了全国第一所机械工程类继续工程教育办学机构，即机械工程师进修学院。学院设置了机电一体化和工业工程两个专业和十多门精选课程，以全科和单科两种形式，有计划、有组织地进行面授、函授、音像和书面辅导，举行全国统一考试，定期开展论文评选交流活动，办学活动直接服务于生产实践。在计划经济时期，由于办学宗旨明确、课程设置对路、办学形式灵活，受到专业技术人员和企事业单位的欢迎。1998年，改为民办，2013年停办。这种产业部门领导、学会团体依托的办学模式在计划经济时期是一种高效益的办学模式。

继续工程教育和工程师资格认证是有效的服务社会的形式，学会在办学过程中针对拥有教育资源较少的情况，充分挖掘调动、支配和利用优质资源的能力，发展合作办学。学会认识到开展继续教育必须与工程师职业资格相结合，以资格认证带动继续工程教育的开展，逐步建立了与国际接轨的培训与资格认证体系。先后开展工业工程师、失效分析工程师、机械工程师资格认证的培训和考核，办学质量高，信誉好。其中以无损检测和焊接为代表的工程师资格认证的培训、考核，获得相应国际专门学会、美国和德国等国专业学会授权，成为相关专门技术认证培训、实施考试和颁发国际统一证书的合法组织。通过这种办学形式培训了大批高素质与国际接轨的工程师，建立了多层次、多专业的认证体系，开展符合认证标准的技术培训和技术考核。学会将资格认证与继续工程教育相互结合，获得了工程师和行业内企业的认可，同时实现与国际接轨取得国际互认，帮助工程师实现自我、参与国际竞争、体现终身学习价值。

近年来，由于机构调整、经费缺乏、经营运作等问题，学会继续工程教育工作面临很多困难和问题，在开展工程师资格认证和继续教育、搞好科学普及等方面正在积极探新的发展之路。

案例四：北京东大正保科技有限公司

北京东大正保科技有限公司（以下简称正保远程教育）于2000年成立，是一家民营网络教育机构，网络教育规模快速发展，2008年在美国纽约证券交易所成功上市，经过十多年的发展，正保远程教育该公司目前拥有成功16个品牌网站，例如中华会计、医学、建设工程、职业培训等，开展200多个类别的辅导项目，拥有2万多小时的音视频辅导课程，覆盖会计、医药卫生、建设工程、职业培训、法律、外语等13个不同行业。2014年正保远程教育全年培训规模达到320万人，累计培训人数达到数千万人。

在远程教育技术不断发展和在线学习市场不断培育的形势下，该公司首创了三分屏模式网上虚拟课堂，推出了集成讲座、答疑、下载、学习记录多功能于一体的视频课件，开发了手机移动终端专属的移动课堂，为学习者提供前所未有的便捷学习体验，实现全国乃至世界教育资源的共建共享，牢固树立了“正保远程教育”的品牌形象。其中，正保远程教育品牌网站中华会计网校处于行业垄断地位，医学教育网、建设工程教育网在各自行业领域的市场份额均高居榜首，成为国内远程教育的领跑者和推动者。

2008年7月30日，在美国纽约证券交易所，正保远程教育成功上市，成为在该证券交易所上市的首家中国远程教育公司。由于中国庞大教育市场的良好发展前景，以及正保远程教育在行业内的领先地位，正保远程教育吸引了国内外众多机构的参与，上市前获得包括贝塔斯曼集团、兰馨亚洲投资集团、晨兴集团等共计3490万美元的投资，更是在上市后获得融资6125万美元。规范的融资渠道、良好的发展势头，使公司得到全世界范围内的肯定与关注，正保远程教育正在向国际化、规范化方向挺进。

案例五：斯坦福大学职业发展中心SCPD

五十多年前，有“硅谷之父”之誉的斯坦福大学工工程学院前院长弗兰德里克·特曼与企业界领袖们合作创办了斯坦福专业发展中心SCPD，以满足企业界管理者、工程师、专业技术人才不断高涨的教育培训需求。SCPD秉承斯坦福大学的“实用教育”理念，为美国以及世界各地的企业工程师、管理人员、创业者提供量身定制的培训项目。根据不同的需求，培训时间长则数月短则数天；教学可在斯坦福校内或在校外进行；通过网络在线，或线上及线下模式进行。培训内容既包括针对专业技术人员的具体课程（如计算机科学、土木工程和建筑设计、生物工程和医疗技术创新等领域），也包括面向高层管理者和创业者的创新、领导力和创业等大视野课题。

2014年6月，本人在斯坦福大学工学院对SCPD进行了为期三天的参观调研，听取了工学院院长、SCPD执行董事以及项目主管关于继续工程教育的会议演讲，对SCPD执行董事和中国区项目代表进行了专访，亲身体验了斯坦福大学的远程教育，对SCPD的教育培训的开展情况和特点有了全面了解和认识。目前SCPD为符合录取条件的在职工程师提供数十种职业证书（Professional Certificates）、超过25种研究生（Graduate Certificates）和51种理学硕士（Master’s Degrees），专业涉及工学院的航空和航天、计算机科学、电机工程和机械工程等九个系。此外，还提供免费在线课程，使工程师获取知识、更新技能，这些课程是没有学分，例如斯坦福大学的专家学者主讲或参与讨论的讲座和研讨会。SCPD每年开设的工科学位课程有200多门，以在职形式获得硕士学位的工程技术人员有5000多人，参加学术访问、短期进修、讲座或培训近15万人次。SCPD的继续教育有如下特点。

①依托工学院的教育资源

根据2013年美国新闻和世界报道US News公布的数据显示，在美国194个工学院中，斯坦福大学工学院排名第二，其中九个系中，航空航天，电气工程、机械工程三个系排名第一，其他系排名均在前六。工学院拥有80多个实验室、研究中心，近13000个公司由斯坦福工程学院的教师和毕业生创建。SCPD是工学院的直属机构，由工学院院长兼任SCPD中心主任，依托工学院的师资、实验室等世界一流的教育资源，SCPD开展学历和非学历工程教育培训，学费收入在授课教师、工学院和SCPD三者之间进行分配，根据项目类型的不同分配比例有所变化，多年来SCPD始终实现着经济效益与大学使命之间的平衡。

②建立“大学—工业”的合作关系

弗兰德里克·特曼以非凡的远见卓识，首创了大学与工业区相结合的科技创新创业园—硅谷。硅谷的科技创新精神、独特的技术文化氛围，持续的高素质人才优势，孵化、培育、造就了硅谷的成长和辉煌。特曼提出了一系列面向硅谷工程师的培训合作项目。首先，从1953年起，SCPD开始为硅谷企业的工程师举办各种短期培训班，他们既可以在斯坦福校园接受面授，也可以在所在企业内通过斯坦福电视网收看斯坦福大学教授的讲课。其次，从1954年，实施优先合作项目（Honors Coop Program，HCP），鼓励硅谷企业的员工在职攻读斯坦福大学的硕士学位，不仅员工个人要交学费，而且员工所在企业要交项目费，由此企业员工可以参与工学院的科研项目，企业可以优先得到科研成果并转化为产品。这些合作培训项目使学校与工业界扩大了沟通与交流，提高了工程师、企业，乃至社会对智力投资与开发重要性的认识，并为学校带来了丰厚的经济收入。

③提供灵活便捷的学习方式

斯坦福大学开展远程教育历史悠久，最早是创建于1939年的斯坦福教育电视网（Stanford Instructional Television Network，SITN），通过现场直播、录像、视频会议等方法传送学校课程。后来是创建于1996年的Stanford Online，它是第一个美国高校互联网传输系统，也是世界第一个开展工程硕士研究生课程的在线教育系统。互联网技术的广泛应用以及日益激烈的在线学习市场，促使远程教育的适用性和效益性越来越引起高校的关注。斯坦福大学一直以来非常重视远程教育的发展，并与其他大学、政府、企业合作，不断将先进的多媒体技术、高速传输技术应用于远程教育，探索创新的远程教育模式，致力世界学习社区的建设和发展。目前，斯坦福大学每年向90个国家的学生在线提供大约10，

000 小时的研究生专业课程，课程内容持续更新并集成了工程领域的新研究、新思想和新应用，使在工业企业和公司之中的学生能够获得与在校学生同样的超值教育资源。

美国是全球领先的工程技术创新中心，高素质的工程师占据了重点行业的主导地位，但是近年来美国经济增长放缓，硅谷的奇迹不再重现，企业投资减少，失业率上升，也给工程师继续教育带来不小的冲击。

案例六：德国国际发展合作公司 GIZ

德国国际合作公司 GIZ（德语 Deutsche Gesellschaft für Internationale Zusammenarbeit GmbH，GIZ）是一个公益性的联邦企业，受德国政府以及公共和私营机构的委托，支持德国联邦政府实现其可持续发展的国际合作项目。公司的合作项目遍及世界 130 多个国家，领域涉及经济发展、就业促进、食品安全、环境保护、资源利用等诸多领域。主要委托方为联邦经济合作与发展部，其他委托方有联邦环境、自然保护与核安全部、欧盟等其他国际组织，德国私营企业也是委托方。其中三分之二的资金来自联邦经济合作与发展部。GIZ 利用自身跨越多个地区、涉及多个组织、包含多种文化和语言的全球性项目优势，运用专业的项目管理技术将德国的中小企业推向国际舞台。

20 世纪 80 年代初期，GIZ 和中国政府共同开展了第一批技术合作项目，目前已经在中国开展工作近 30 年，大约 36 名 GIZ 派遣专家和约 133 名中国当地员工，分布在 42 个项目和 23 个“公私合作伙伴关系”项目上。其中，在中德政府发展合作框架下，GIZ 承担的中小企业项目主要有非国有中小企业改革与发展项目（1999 年）、促进中国中小企业发展项目（2001 年）、中小企业经营管理人员培训项目（2007 年）、生物质能项目（2009 年）。在 2010—2013 年期间，本人全程持续关注了生物质能项目在中国的实施情况，获取了项目的培训材料、研讨会、GIZ 报告等大量翔实的信息材料，充分理解了 PPP 模式在教育培训项目中的具体运作以及 GIZ 的教育培训特点。

GIZ 在充分发挥技术援助的优势及作用，在 2009—2012 年期间开展了一系列针对中小企业工程技术人员的有效的培训和学习考察活动。在高质量地完成项目设计内容的基础上，着重对中小企业的培训和引导，培养中小企业自我可持续发展的能力，为中小企业寻求和获得更高层次的发展打下坚实的能力基础；确保有足够素质的人员能够高效合理地运用相关硬件设施，使项目能够形成真正的生产力并产生经济效益。根据GIZ在中国开展的生物质能项目大中型沼气工程技术规划和设计培训安排，GIZ专家团队在整个项目周期中的项目培训有如下特点。

①基于项目的培训模式

GIZ的技术培训根据所委托的项目开展，系列培训内容涉及项目规划、设计、实施和完成各个阶段的所有方面，各个模块既相互独立又与项目的整个流程相适应。涉及整体项目的培训内容有工程技术规范、运行、实施以及操作指南、项目一体化解决方案、项目应用、经济效益、系统优缺点、企业经验的全方位介绍。基于项目的培训模式能够使学习者更好地从在整体上掌握新技术，全方位地了解新产品的研发、设计、投入生产以及所产生的经济和社会效益情况，进而对企业的生产做出决策，同时示范项目的参观和学习对所学技术的实践性、可操作性性以及新产品的实用性和价值能够带来更深刻的直观认识。

②培训与职业资格认证的结合

德国国际合作公司的培训一般具备先进的实训设施和设备，在真实的企业生产环境下开展，使学习者能够接近实践，适应未来工作的需要；新设备、新工艺、新技术、新材料是主要培训内容；培训形式符合企业生产经营的要求，专业技术和技能的训练规范翔实、细致明确。在培训结束后，进行国家承认的职业资格考试和培训师资的考试。由于具有很高的教育培训标准、严格的过程管理和完善的评价体系，培训质量得到保障，职业资格证书的通用性高，不仅在德国境内和海外的德国企业能够通用，而且在一些欧美国家的企业也被认可和接受。中国农业部、人力资源与社会保障部也引进了GIZ的一些职业资格认证。对技术人员以及师资系统规范的培训不仅能够提升技术人员的知识和技能水平，而且对项目的可持续发展以及技术人员的职业发展具有重要作用。

③全方位多样化的培训设计

在每个系列的每个培训单元都安排一定时间的讨论和答疑，而且在每个培训单元之后还设置了培训评价、征询意见、信息反馈的环节确保培训质量以及后续工作环节的改进和调整；在培训教室或培训车间集中培训之后，都安排相应的工程咨询服务、展会参观、示范项目参观、研讨会、方案探讨、政策支持圆桌会议、技术论坛等，使学员全面认识和理解项目的设计流程和运作过程。各个层次各个环节的培训服务设计，使得面对面传授与咨询、指导和讨论相互结合，形成良好的互动；学习者收获的培训信息量很大，能够全方位、多角度、深层次理解培训内容；构建了老师与学员之间、同行业企业之间进行对话交流的平台。

面对持续低迷的国际经济形势，德国政府鼓励双边或多边的国际交流活动，在政府交流协议框架下，中介组织将德国的技术、产品和技术培训引入到发展中国家，为德国的继续工程教育创造了良好的国际和国内环境，但是中介组织发挥积极作用的前提是完善的法律框架以及成熟的市场环境，尤其对于跨越多个地区、涉及多个组织、包含多种文化和语言的全球性项目更是需要组织者在跨国界网络中运用专业的项目管理技术来实现。同时，德国企业的刻板严谨、工程师“以技术为中心”的开发思想，也使德国在扩大海外市场过程中遇到一些问题，核心制造业如何保持优势、增加活力、扩大海外市场是德国经济长期稳定增长需要解决的重要问题。

案例七：阿尔卑斯电气株式会社 ALPS

阿尔卑斯电气株式会社（ALPS ELECTRIC CO. LTD.，ALPS），是世界较大的电子元器件制造集团公司，以日本为中心，在美洲、亚洲等地区开展开发、生产、销售业务，向全世界2000多家家电、移动设备、汽车、产业设备等制造厂商提供约4万种类的电子元器件，2014年销售额为6844亿日元。公司成立于1948年11月1日，员工人数约为3600多人，在中国、韩国、泰国、马来西亚、爱尔兰、捷克、美国、印度、新加坡、墨西哥等共有25个分公司，公司依托多年进化积累的“机电一体化技术”，通过先进的“工艺技术”和“材料技术”，抓住市场需求和环境变化，不断创造具有独一无二“价值”的产品。

为了对ALPS企业内教育的实际情况进行全面深入的了解，2012年9月，本人在ALPS在中国设立的第一家独资企业无锡阿尔卑斯电子有限公司进行了为期三天的企业调研，对总经理、人事管理部部长、技术部部长、技术部教育担当和生产统括部模具部课长等分别进行了访谈；参观了生产车间以及员工工作学习情况；查阅了公司的员工手册、人事管理部教育制度及其实施情况的记录资料、全部模具部学习记录资料以及模具部课长个人的全部学习记录资料；依据这些书面材料，针对工程师的工作学习状况与相关人员进行了现场讨论。在对所有资料进行分类整理、总结归纳的基础上，得出 ALPS 企业教育的总体情况和特点。

“精美电子，尽善尽美”的经营理念、“生产更好的产品，提供更优的服务”的品质意识、“尊重个性、尊重人性、集团精锐、自我启发”的员工制度、“一切为了工作，教育每一天”的学习态度，这些 ALPS 企业文化像企业身体里流淌的血液，给企业提供充足的养分，为员工赋予了工作的激情、为部门赢得了效率，为企业换来了收益。它根植于企业的一切活动之中，又超越于一切活动之上，其核心的价值观和思想不断引领和激励着企业所有人，使企业长期维持着在国际上的竞争优势。

全面、高效、细致的人事管理在 ALPS 公司企业经营中占有重要地位，发挥着多方面的作用，同时多项制度有机组合，形成一个相互补充、相互协调的管理系统。以提高员工能力水平为目的的教育训练系统和使员工充分发挥能力的组织机构及其管理制度构成人事管理的核心部分。公司每年制定企业发展目标，提出一贯量产指标、新产品计划、成本改善、模具设计与制造、技术技能和管理提升，新技术引进六个方面的基本战略，其中最后两个方面与企业教育规划相关，每个部门根据企业的六大基本战略制定部门方针书，提出部门在相应六个方面包括教育课题的战略方案和重点施策、担当的课以及具体目标值；各课根据部门方针书来制定业务计划书，提出具体业务内容和课题，其中教育项目的制定包括实施对象、担当人员、预定目标、日程安排和评价方法及结果，并且担当大都为兼职；每一个教育课题有详细的评价表。人事部门通过教育月报对教育计划的执行情况进行评价和反馈。企业战略管理的重点在于正确决策，绩效管理的重点在于高效执行，企业教育的重点在于保障企业战略规划的制定和实施。根据 ALPS 教育计划与实施安排，以及企业战略管理体系可以看出，企业教育具有以下特点：

①“教育每一天”的企业制度

“一切为了工作，教育每一天”是 ALPS 的企业制度。教育训练是员工日常工作内容，企业教育与员工的岗位工作结合非常密切，涉及的知识和技能非常细化。教育时间灵活，可以是 1 小时的小组活动，也可能是 1 个月师徒一对一的 1 个月技能训练以及 3 个月的下班后的集中学习。以工作现场的教育训练为主导，不仅提高了工作效率，而且提高了产品的品质。通常是年长的有丰富经验的员工、工程师和管理者，而不是专职教练，在承担正常职责范围工作之外的教师职责，部分任务是手把手指导操作，同时他们也要接受技术和管理方面的培训。每一项教育训练都有健全记录、表报制度以及详细成绩评价，人事部门通过教育月报对教育计划的执行情况进行评价和反馈。企业战略管理的重点在于正确决策，绩效管理的重点在于高效执行，企业教育的重点在于保障企业战略规划的制定和实施。

②育人先育心的教育理念

ALPS 社长提出，“把企业变成一个‘电磁场’，紧紧地把全体员工的心吸到一处，每一颗心都充满活力。”ALPS 企业进行“心”的教育，不同层次的员工体现不同的要求。一般年轻员工要求“定心”、中层管理者要求“热心”、高层管理者要求“诚心”。企业教育始终贯穿一条基本主线，即对员工进行“心”的教育，处处体现“心的培养”优先于“技能传授”，使员工在工作中始终保持积极向上的心理状态，以高度的责任心投入工作，成为竭忠尽智的企业人。育人先育心的教育理念，将企业价值观内化为员工的自觉意识，培养了对企业的自豪感、归属感强烈的企业人，造就了日本企业的活力、凝聚力和创造力。

③技术人员的能力开发系统

从 ALPS 公司的教育训练过程可以看出，以技术人员为主的企业教育已经不仅仅是单纯的教育培训，已经形成了广泛意义上的能力开发系统。教育培训和能力开发以企业为主体进行，“提高能力水平”和“发挥能力水平”是能力开发系统中两个同等重要的组成部分，以人事制度为核心的管理制度是能力开发系统得以实现的组织保障，以培养和提高能力水平的企业教育是其中的基本组成部分（Ichiro et al，2006）。对于企业各部门而言，教育是各部门日常、繁忙的常规工作任务，对员工而言，不仅是在企业中体验各种工作并确立自己的个性和可能性，发挥自身潜能，重新塑造自我，而且长期持续的教育培训贯穿个人整个职业生涯。日本企业进行企业教育和能力开发的目的，不仅仅是增强员工谋生手段，更是为了企业获取经营利益和长远发展。

虽然由于金融危机的影响，日本制造业企业也受到了影响，但是日本企业的困境主要是宏观经济环境恶化所导致，日本制造业仍然是日本经济发展的动力、经济增长的基础。企业依然重视员工的职业训练和技能发展，企业“以人为本”、“育人先育心”、“能力开发系统”等形成的企业核心价值观以及由此获得的国际竞争力长久稳定，但是如何进行企业内部体制的优化、促进劳动力的合理分配和流动、激励员工更加积极地提升能力和素质，是日本企业今后要改进的方向，同时企业教育适用于以大批量生产为目标的劳动力和设备密集型制造业企业，不适用知识密集、技术密集的IT行业。